リアルタイムOSから出発して

組込みソフトエンジニアを極める

酒井由夫

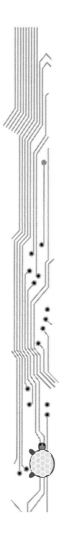

JN063161

目　　次

なぜ、組込みソフトエンジニアを極めるのか？

　なぜ、私たちは組込みソフトエンジニアという職業を選択し、極めようとするのでしょうか。

　その理由は２つあります。１つは魅力的な製品を開発し、ユーザーに快適に安心して使ってもらい次回も自分たちの製品を選んでもらうため、そして、もう１つは、組込みソフトエンジニアに降りかかってくるさまざまな要求を軽々とクリアできるようになり、クリエイティブな気持ちで魅力的な製品の開発に臨めるようになるためです。

　また、組込みソフトエンジニアが自分自身のスキルを高めたいと感じる一方で、組込み製品を製造する企業は市場競争力を高く保ち安定的な利益を得たいと考え、高付加価値で、使いやすく、品質の良いソフトウェアを組込みソフトエンジニアがアウトプットしてくれることを強く望んでいます。

すり合わせ開発と組み合わせ開発

　日本の組込み機器はすり合わせ型の開発だと言われています。すり合わせ型開発の対極は組み合わせ型開発です。すり合わせ型とは試行錯誤や調整を積み上げていく開発方法、組み合わせ型は仕様通りに作られたモジュールを定められたインターフェースでつなげていく開発方法です。これまで日本は独自の強みを持った多くの組込み機器を少数の技術者によるすり合わせ型開発で生み出してきました。省スペース、低消費電力化、高信頼性、リアルタイム性、独特なユーザーインターフェース、ユーザーニーズの全体最適化などの機能・性能を、ハード・ソフトのトレードオフや、専用のソフトウェアを作ることで実現してきました。これらの強みの多くはエンジニア個人の能力がベースになって生み出されたものです。個々のエンジニアの技術を尊重し、それぞれの強みの最大公約数をまとめ上げる製品開発は日本独自の手法であり、このようなすり合わせ型開発こそが組込み製品の競争優位を保っていたのです。

　一方、組み合わせ型開発はトップダウン的なアプローチが有効であり、開発の当初から機能を分割し、独立性を高めたサブシステムを定義し、サブシステム毎にプロジェクトを立ち上げ、できあがったものをつなげるというスタイルです。このような組み合わせ型の開発は大規模なソフトウェアに向いており、アメリカや中国が得意な手法です。しかし、トップダウンの組み合わせ型開発で作った製品はすり合わせ型開発で作った製品に比べて、リアルタイム性やユーザーニーズの全体最適化といった点では最適なトレードオフがしにくく不利な面があります。

　ところが、日本においても、近年ユビキタス[1]社会の時代が到来すると言われ、組込みソフトに期待される要求が多様化しソフトウェアの規模が拡大されると、これまで行ってきたすり合わせ型の

1　ユビキタス（Ubiquitous）：ユビキタス社会のユビキタスとはラテン語「ubique：あらゆるところで」という形容詞から派生した言葉で、人間の生活環境の中にコンピュータとネットワークが組み込まれユーザーがその存在を意識することなく、どこからでも利用できる**ITネットワーク社会**とほぼ同義語です。ユビキタス社会が実現すると、多くの組込み機器がネットワークに接続され、組込みソフトの世界も大きく変化します。

開発では、ソフトウェアの品質を確保し、計画通りの日程で製品をリリースすることが難しくなってきました。

　これからの組込みソフトエンジニアには、従来から日本が得意だったすり合わせ型の開発技術と、欧米型の組み合わせ型の開発技術の両方のスキルを習得し、これらのスキルをともに活かせるようになることが求められています。また、すり合わせ開発と組み合わせ開発をスキル習得の面から考えると、すり合わせ開発では先輩から後輩へ、上司から部下へ技術を伝承するOJT（On the Job Training）方式が効果的であり、組み合わせ開発ではプロセスを重視したトップダウンの教育が効果的です。組込みソフトの世界に足を踏み入れた若いエンジニアは、すり合わせ開発も組み合わせ開発もどちらも経験していないため、その両方を学ばなければなりません。

　先輩から後輩へ一子相伝で伝えてきた組込みソフトの職人の技は、本質は変わっていないものの、実現する手段としては残念ながら時代遅れになりつつあります。先輩や上司が培ってきたソフトウェアに関する技術も、多様化した要求と拡大したソフトウェアの規模には対応しきれなくなっていることも事実です。

　また、組込みソフトエンジニアが習得すべき知識・技術はすでのひとりのエンジニアのキャパシティを越えてしまっているという見方もあります。そのため、職種を分けて分業していこうという動き[1]がありますが、このような分業体制が確立するにはかなりの時間がかかるでしょうし、日本のように技術者単価の高いプロジェクトではひとりのエンジニアが複数の分担を兼任しなければならないことも多いでしょう。

組込みソフトウェアエンジニアの職種分類

● プロダクトマネージャ（開発製品の要求仕様策定と統括管理）
● プロジェクトマネージャ（プロジェクトのマネージメント）
● ドメインスペシャリスト（専門的な知識、技術、経験でプロジェクトを支援）
● システムアーキテクト（アーキテクチャ：構造を設計する）
● ソフトウェアエンジニア（ベーシックなプログラマ）
● ブリッジエンジニア（分散開発における橋渡し）
● サポートエンジニア（プロジェクト活動が円滑に行われるように支援）
● QAスペシャリスト（成果物の品質を保証する）
● テストエンジニア（テストのスペシャリスト）

　組込みソフトエンジニアは、日に日に規模が拡大している組込みソフト開発を成功させ、顧客満足度の高い製品をリリースするために、新しい技術を身に付けていかなければなりません。しかし、単に技術を身に付けるだけでは足りないのです。身に付けた技術を実際にプロジェクトの中で使い製品開発に活かすことで、プロジェクトに貢献できるようにならなければいけません。そうしなければ、組込みソフトエンジニアの肩にのしかかった組織要求をクリアすることはできないし、また、ユーザーが安心して快適に使えるような組込み製品を世に送り出すこともできません。

1　組込みスキル標準キャリア標準 Version 1.2（IPA ソフトウェア・エンジニアリング・センター）。

組込みソフトエンジニアが技術を極めるための原動力

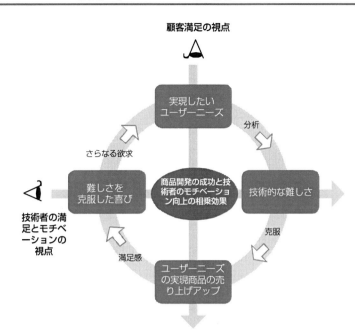

図0.1　組込みソフトエンジニアの羅針盤

　組込みソフトエンジニアがハードルや壁を乗り越えゴールに到達するまでには、高いモチベーション（動機付け）が必要です。では、組込みソフトエンジニアは試練を乗り越えて技術を高めるためのモチベーションをどこに求めればよいのでしょうか。

　1つは、常に追いつめられながらギリギリの状態で仕事に取り組まなければならない悪循環から抜けだし、開発効率を高め余裕を持ってクリエイティブな気持ちで仕事に臨めるようになるため、そして、もう1つは魅力的な製品を開発し、ユーザーに信頼を持って快適に使ってもらい次回も自分たちの製品を選んでもらえる自信が持てるようになるため、この2つ理想が試練を乗り越えるためのモチベーションの源泉になります。

　組込みソフトウェアは単に組込み機器の中で動くソフトウェアという意味ではありません。組込み機器は、さまざまな形状の外観を持ち、さまざまなユーザーインターフェースで人々の生活の中に入り込み、生活の表舞台に、あるいは、生活を支える裏方として役に立っています。組込みソフトウェアは、その心臓部であり、コントローラです。そして、組込みソフトエンジニアには自分たちが作ったソフトウェアが組込み製品の中で重要な役割を果たしているという喜びと満足感があります。

　しかし、その喜びや満足感の後ろには大きな責任もあります。組込み機器が私たちの人間の身近にあって役に立っているということは、一歩間違えば組込み機器は人間を傷づける凶器にもなりかねないということです。特に組込みソフトウェアは中部の構造が見えにくいにもかかわらず、設計の自由度が高いため、設計者の意図に反して社会的な問題を起こしてしまうことも残念ながらあります。

　私たちは、ものつくりの喜びを感じながらも、自らの技術を磨き、組込み機器を使ってもらうエンドユーザーの満足を満たしつつ、安全で信頼性の高い組込みソフトウェアを世に送り出す義務を背負っています。

　組込みソフトエンジニアは、目的を達成するための技術を磨き極めることで、仲間と創造の喜びを

分かち合うことができ、便利なだけでなく安心して使える魅力的な組込み機器を世に送り出すことが可能となり、社会と組織への責任を果たすことができるのです。

　日本の組込みソフトエンジニアを取り巻く環境を振り返ると、組込みソフトプロジェクトでは、技術者のぎりぎりのがんばりで増加した要求や計画された製品のリリース期限をこなしているという現状があります。場合によっては、プロジェクトに新しい人を投入することで解決しようとする組織もあるでしょう。しかし、安直な増員はかえって技術者の負担を増加させることになり悪循環からなかなか抜け出すことはできません。組込みソフトエンジニアは技術を磨き極めることでのみ、悪循環を脱し、好循環の世界に突き抜けることができるのです。好循環の世界に入ることができれば、高い品質の組込みソフトウェアを効率良く開発することが可能となり、今リリースしている製品よりももっと顧客満足を高めることのできる商品を作り出すことができます。効率化によってできた余裕でオリジナリティの高いアイディアを考え、新しいキーデバイスの導入をハードウェア技術者と検討することも可能になります。

　組込みソフトエンジニアを極める目的は、ものつくりの喜びを分かち合い、生活を豊かにし安心して使える商品を世に送り出し、商品をより競争力の高いものに引き上げ競合他社に打ち勝つことにあるのです。そこに至るまでの道のりは長く、途中にはハードルや壁が横たわっています。私たち組込みソフトエンジニアは、到達すべきゴールから目を離すことなく技術を極めることでハードルと壁を乗り越え、悪循環から好循環への境界を突破できるのです。

組込みソフトエンジニアを極めるためのロードマップ

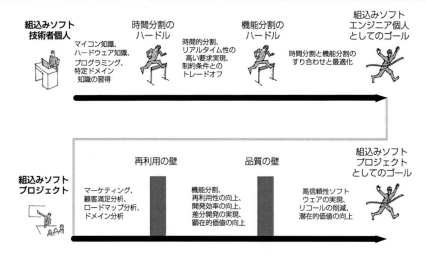

図0.2　組込みソフトエンジニアを極めるためのロードマップ

　組込みソフトエンジニアを極めるためのロードマップをご覧下さい。組込みソフトエンジニアが技術を極めクリエイティブな製品開発に打ち込み、ユーザーの満足を最大にする製品をリリースするためには、ゴールの途上にある2つのハードル[1]と2つの壁を乗り越えなければなりません。

　「時間分割のハードル」

　「機能分割のハードル」

1　「ハードル」はエンジニア個人の努力で越えることのできる技術的難易度を示し、「壁」はプロジェクトや組織の取り組みで越える目標を表しています。

「再利用の壁」

「品質の壁」

時間分割のハードルとは、組込みソフトが常に背負っているリアルタイム性能を実現するための技術的ハードルです。かつて、組込みソフトエンジニアの先人たちは組込み機器に求められていたリアルタイム性能をCPUと周辺デバイスを駆使し、1つのメインループと複数の割り込み処理で実現していました。しかし、ソフトウェアの規模が拡大し、リアルタイム性を含んだ複数の動作を1つのCPUで実現しなければならなくなった現在では、時間的な同期を意識しながら、リアルタイムOSを使って独立性の高いモジュール分割をしなければなりません。「時間分割のハードル」を越えることで、組込みソフト技術者としてのリアルタイム性能を意識したモジュール分割の技術を身につけることができるでしょう。

機能分割のハードルとは、多様化した要求仕様をソフトウェアで実現するために必要な技術的ハードルです。この技術はビジネス系のソフトウェア開発では、オブジェクト指向設計などの取り組みで解決が進められている分野ですが、組込みソフトでは、第一の「時間分割のハードル」を越えた上で、さらに、「機能分割のハードル」を越える必要があるため、ビジネス系のソフトウェア開発で培われた技術をそのまま取り入れるだけではうまくいきません。時間的な分割と機能的な分割は個別に行うのではなく、相互に行き来しなければならないのです。「時間分割のハードル」と「機能分割のハードル」を越えることで、制約条件をクリアしながら、求められるリアルタイム性を確保しつつ、多様化した要求仕様を効率的に実現することが可能になります。

再利用の壁は規模が拡大したにもかかわらず、以前よりも増して短縮することを求められている開発期間を達成させるための切り札です。組込み製品は同じ市場に長い間商品を投入し続けるため、市場やユーザーが求める根元的な要求に応えるためのコアとなるソフトウェア資産が存在します。このコア資産を、バリエーションを実現する部分のソフトウェアと分離し、マネージメントすることで効率的なソフトウェア開発が可能になります。初めてコア資産の分離するときには、分離しないで開発するときのおよそ1.5倍の期間と高度な技術が必要ですが、コア資産の摘出ができた後、差分開発の回数が増えるたびに開発期間は短縮され、商品の付加価値を高めながら開発効率は飛躍的に向上します。体系的な再利用の実現には、ソフトウェア技術のみならず市場分析や製品群の特徴を分析する技術が必要であり、組織横断的な取り組みが不可欠です。

品質の壁は、組込みソフトに求められる安全性や信頼性をクリアするために越えなければならない目標です。組込み製品は人の生活に密着しており、組込みソフトは組込み製品をコントロールする頭脳となっているため、そこに不具合があるとユーザーに迷惑がかかるだけでなく、企業全体の信用も失墜してしまいます。企業にとっては製品回収の費用が利益を圧迫しているという現状もあります。組込みソフトエンジニアは、ソフトウェアの品質向上についての理論を理解し、プロジェクトや組織としてその理論を実践することで、製品の安全性や信頼性を確保します。組込みソフトを取り巻く世界は、グローバル化しつつあります。世界全体に広がった市場で、日本の組込み製品、日本の組込みソフトは品質が高いというブランドイメージを守り続けなければ、私たち組込みソフトエンジニアの足下も揺らいでいくでしょう。

本書では、これらのハードルと壁を乗り越える技術を解説し、同時に若き組込みソフトエンジニアたちがハードルや壁を乗り越え成長していく過程を物語として描いていきます。

第1章

時間分割のハードルを越える

1-0　組込みソフトウェアに求められるリアルタイム性能

　組込み機器、そして組込みソフトウェアが使われる分野は家庭電化製品、通信機器、工場、自動車、公共設備、航空宇宙、医療機器などさまざまです。具体的に使われる場面を挙げてみるとオーディオプレーヤ、ビデオプレーヤ、エアコン、ファックス、ゲーム、テレビ、電子レンジ、炊飯器、掃除機、家庭用プリンタ、携帯電話、デジタルカメラ、工業用ロボット、工業用計測機器、カーナビゲーションシステム、エンジンコントロール、電動工具、交通システム、電子レジスター、医療機器、衛星制御、飛行機制御、…ときりがありません。

　これらの機器に共通の特徴とは以下のようなものです。

●早い応答を求められる部分がある（＝リアルタイム要求）

●メモリやCPUパフォーマンスなどに制約条件がある

●高い安全性・信頼性が求められている

　そして、組込みソフトウェア開発の現場に目を移すと、組込みソフトエンジニアには次のような要求を満たすシステムを構築することが求められています。

●ハードウェアが変わってもアプリケーションソフトウェアは変更しないで済むようにしたい。

●ネットワーク対応ソフト、ファイルシステム、USBインターフェースソフト、GUI（グラフィックユーザーインターフェース）ライブラリ、画像圧縮拡張ソフト、音声圧縮拡張ソフト、暗号化ライブラリなど業種を超えて共通に使えるミドルウェアソフトを使って開発の効率を上げたい。

●制約条件やCPUの能力に合わせて、搭載したソフトウェアの仕事（タスク）の優先順位を調整し、個々の機器ごとに応答性の最適化を図りたい。

　メモリやCPUの性能に制約がある中で、早い応答、ソフトウェアの再利用性の向上、応答性の調整（チューニング）を実現するために必要なのがリアルタイムOSです。早い応答、ソフトウェアの再利用性の向上、応答性の調整といった要求はCPUの能力を複数のアプリケーションソフトに平

等に割り当てるマルチタスク OS では実現することはできません。

　リアルタイム OS でないマルチタスク OS と高速な CPU という組み合わせでソフトウェアの再利用性の向上を目指しても、重い OS のオーバーヘッドが災いして機器の応答性が要求を満たせないことがあります。このようなとき、リアルタイム OS なら応答の優先度を調整して CPU のパフォーマンスを上手に分配することができますが、処理単位の扱いが平等なマルチタスク OS では応答の優先度を調整することができないため、応答性を改善するためにはアプリケーションソフトウェアの構造にまで手を入れなければいけない場合があります。そうすると、ソフトウェアシステムの構造がその機器に特別なものになってしまうためソフトウェアの再利用が下がってしまいます。

　組込み機器では 1 つの CPU に複数の応答性の違う機能を割り当てるため、優先度の調整が重要な要素となります。現在組込み機器に使われているほとんどのコンピュータはノイマン型で、ノイマン型コンピュータは基本的に逐次処理しかできませんから、いろいろな仕事をしている中でイベントに対して素早く反応し、優先度の高い仕事に集中させるには工夫が必要です。

　実現しなければならない機能が 1 つだけなら、周辺デバイスを内蔵したワンチップマイコンを使い、1 つのメインループと複数の割り込み処理によって、求められたリアルタイム性能を実現できるでしょう。しかし、組込み機器に求められた機能が複数存在し、それぞれの機能を独立させて 1 つの CPU で擬似的に並列動作させるためにはリアルタイム OS が必要です。イベントに対する応答時間を保証し、優先度の高い処理が発生したときに優先度の低い処理を横に置いて、処理が終わるまで CPU を占有させることができれば、機器に要求された性能を満たすことができます。

　これまで、組込みソフトエンジニアはアセンブラや C 言語を使いこなし、CPU のデータブックを読み込めば、組込み機器でリアルタイム性能を実現することができました。しかし、ユーザー要求が多様化した今、CPU に用意された機能だけでは、複数のリアルタイム要求を 1 つの CPU で同時に実現することは難しくなっています。だからこそ、現在の組込みソフトエンジニアはリアルタイム OS を使う必要があるのです。

　正確に言えばリアルタイム OS を「使える」だけではなく、「使いこなせる」必要があります。また、組込みソフトエンジニアはリアルタイム OS を使いこなしながら、製品に求められる時間制約の強い機能をどのようにモジュール分割し、どのような優先度を割り当てればよいかを判断する能力が求められます。これが、組込みソフトエンジニアが最初に乗り越えなければならない「時間分割のハードル」です。第 1 章では、具体例を使って組込みシステムに求められるリアルタイム性能を理解し、組込みソフトに求められているリアルタイムな機能をどのように分割すればよいのか、リアルタイム OS の基本とは何かを学んでいきます。

1-1　レシート印刷

　組込みソフトがスキルを習得しにくい理由の 1 つに、組込みソフトエンジニアが使う CPU や CPU 周辺デバイス、対象となる組込み機器に特有のハードウェアの使い方や特性を知らなければいけないという事情があります。また、組込みソフトのシステム構造の構築手法は組込み機器が使われる環境やユーザーニーズにも影響を受けるため、対象となる組込み機器を想定しなければ、組込みソフトの実装の方針について深い分析はできません。

　そこで、本書では東洋レジスターという仮想の電子レジスターメーカーと、電子レジスターの組込みソフト開発に関わるエンジニアを想定し、彼らが電子レジスターの開発を通し成長していく過程

で何に疑問に感じ、どのようにハードルや壁を乗り越えていくのかを見ていくことで、組込みソフトエンジニアに必要なスキルとは何かを考えていきます。

【東洋レジスター株式会社】の説明

　世界に製品を出荷する仮想の電子レジスターの製造メーカー。ローエンドからハイエンドまでいろいろな電子レジスターを製造、販売しています。本社は京都にあり先端技術を開発するR&D（研究開発）センターは本社がある京都に設置されており、製品の開発部門は東京にある電子レジスターの製造工場に隣接しています。電子レジスター開発部門は、ローエンド開発グループと、ミドルレンジ開発グループ、ハイエンド開発グループの3つのグループがあり、技術者の数をできるだけ絞って少数精鋭で製品開発を行っています。

　ここ数年全体の売り上げは順調に伸びでいるものの扱う機種が増え、また、ICタグ読み取り技術への対応や、POSシステム（Point Of Sales system）[1]の要求が多様化し、また、安価な中国製の電子レジスター製造メーカーが現れてきたことから、社内の開発体制の構造改革が迫られています。

【登場人物】の説明

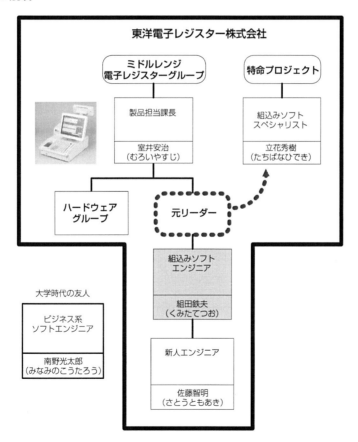

図1.1　登場人物

1　POS（Point Of Sales system）：商品を販売したときの情報を集計し、集計結果を在庫管理、販売管理に利用するシステム。ファミリーレストランなどでは、ハンディターミナルで受けた注文データをキッチンで印刷したり、精算時にデータをオーダーシートから呼び出したりします。

【組田鉄夫】（くみたて・つお）30歳

　　大学では、ロボット制御に夢中になり組込みソフトのおもしろさを感じて、現在勤める電子レジスターの会社に就職した。先輩の立花秀樹について5年間、電子レジスターの組込みソフトについて基礎から応用まで学んだ。立花が示した組込みソフトエンジニアのロードマップに沿ってメキメキと力を付けてきたのだが、立花が突然人事異動で社長直属の特命プロジェクトに引っ張られてしまったため、ソフトウェアチームのプロジェクトリーダーの役割もこなさないといけなくなった。立花がいなくなったことで自分自身の努力で技術的な成長を遂げる必要に迫られている。

【室井安治】（むろいやすじ）45歳

　　ミドルレンジの電子レジスター開発部門の製品担当課長。電気系エンジニア出身で、20年以上前に4ビットでマイコンのアセンブラを使って電子レジスターのソフトウェアを作ったことがある。昔の実績を背景に自分はソフトウェアのことはなんでもわかると言うため、立花や組田とはしばしばソフトウェアのことで口論になる。しかし、最近のソフトウェア技術について理解を深めたいという願望はあり、組田の話しを理解したいと考えている。電子レジスターのコストダウンとリコールの軽減について、上層部から指示がきており頭を悩ませている。

　　立花が特命プロジェクトに異動になった穴埋めとして新人の佐藤智明を組田に付けて、ソフトウェアグループの体勢を立て直そうと考えている。

【佐藤智明】（さとうともあき）25歳

　　東洋電子レジスターに入社した新人技術者。本社の社員研修で2ヶ月間、ハードウェアや組込みソフトウェアの基礎、電子レジスターの仕組みや市場などについて学んだ。組田の下について、早く一人前になりたいと思い試行錯誤しながらも毎日がんばっている。

【立花秀樹】（たちばなひでき）40歳

　　東洋電子レジスターの組込みソフトウェアにおける技術リーダー的な存在で、最新のソフトウェア工学を取り入れながら開発の効率化や、ソフトウェアの信頼性向上について取り組んできた。組田が入社してから、それらの技術を伝授すべく、実際の製品開発の中で教育を行ってきたが会社の特命プロジェクトに異動になったためすべての技術を伝えきれないまま、組田と離れてR&Dセンターがある京都に赴任してしまった。特命プロジェクトで何をしているのか、組田や室井は知らされていない。

【南野光太郎】（みなみのこうたろう）30歳

　　組田鉄夫と同じ大学の研究室出身で、Webアプリケーションソフトにおけるデザインパターンについて卒業論文を書いた経験を活かしてビジネス系アプリケーションソフト開発の会社に就職した。オブジェクト指向設計について実践的経験を積み仕事もおもしろくなりかけている。大学を卒業してからも組田とはソフトウェア技術についてよく酒を飲みながら語り合っている。

ある日の組田と室井課長との会話・・・

室井■組田君、立花君が突然、特命プロジェクトに引き抜かれてしまって、君も大変だろうけど、しっかり頼むよ。

組田■室井課長、入社5年目の僕に、ソフトウェアのプロジェクトリーダーをやれなんて、やっぱり

室井■無理ですよ。

室井■そんなことないよ。君は立花君の下で5年間もマンツーマンで英才教育受けてきたんだ。下手
　　　なベテランエンジニアよりもよっぽど使える人材になっているはずだぞ。

組田■課長、組込みソフトは奥が深いんです。しかも、最近の電子レジスターは機能がどんどん増え
　　　てきているので、新しいデバイスの使い方も覚えないといけないし・・・

室井■まあ、確かにいきなりソフトウェアのプロジェクトリーダーになれっているのは無理だろう
　　　から、しばらくは俺がサポートするよ。新人の佐藤君も入ったことだし、立花君の穴はすぐに
　　　埋められるだろ。

組田■・・・

室井■それと、さっき技術経営会議があって、コストダウンのために当社の電子レジスターに使用す
　　　るCPUとOSを統一することに決まったよ。残念ながら、採用が決まったCPUとOSは、今
　　　我々が使っているものじゃないので、ソフトウェアの移植をよろしく頼む。

組田■課長、冗談はやめて下さいよ。CPUやOSを変えたら、これまで使っていたソフトウェアを
　　　作り直さなくちゃいけないじゃないですか。

室井■何言ってるんだ。前から、立花君も君も、CPUやOSに依存しないソフトウェアを作るんだっ
　　　て、息巻いていたじゃないか。

組田■課長、それは理想であって、まだ、そこまでに至っていないですよ。しかも、先輩と僕がオブ
　　　ジェクト指向設計をもっと推し進めるためにCPUのランクを上げてメモリの容量ももっと
　　　増やしたいっていったら、課長は頭ごなしにダメだって言ったじゃないですか。

室井■あたりまえだ。CPUを高性能にしたり、メモリを増やしたりして材料費が500円上がったら、
　　　年間の売り上げにどれくらい影響あると思っているんだ。電子レジスター全体で国内、海外合
　　　わせて年間10万台以上出荷しているから、5000万円以上利益が減るんだぞ。

組田■でも、課長。CPUのパフォーマンスを上げて、ソフトウェアの再利用性や信頼性を高める設計
　　　ができるようになれば、開発費も削減できるし、製品のリコールが減るかもしれませんよ。

室井■う・・・。そこは痛いところだな。最近ソフトウェアが原因でリコールが増えていて、回収の
　　　費用が馬鹿にならないんだよ。しかし、それはそれ。これはこれ。制約条件をクリアしつつ、
　　　目的を達成するのが、組込みソフトエンジニアの神髄だろ。部品のコストを上げずに、ソフト
　　　ウェアの信頼性を上げる方法を考えるのが君たちの役目だ。

　　　ただ、会社も、CPUや、OSを変えてそう簡単にソフトウェアが移植できるとは考えていない
　　　よ。今から開発する新機種の開発の前に要素技術を検討する期間として3ヶ月の猶予をくれ
　　　た。この間に新しいCPUとOSで、今の動いている電子レジスターのソフトと同等のソフト
　　　を作ってくれ。設計を見直すいい機会じゃないか。新人の佐藤君に、電子レジスターの基本の
　　　レシート印刷のソフトを試しに一から作らせてみたらどうだ。

新人の佐藤と組田、室井課長との会話・・・

佐藤■室井課長、組田さん、サーマルプリンタ[1]でやっと数字らしきものが書けるようになりまし

1　サーマルプリンタ：サーマルプリンタとは直列に並んだ発熱抵抗体に選択的に電位を与えて発熱させ、発熱によって反応す
　る感熱紙に文字や絵を印刷するための装置です。サーマルプリンタは、発熱抵抗体と駆動回路、発熱抵抗体の温度を検知す
　るサーミスタなどを内蔵したサーマルヘッドと、感熱紙搬送用のモーターを主要部品としています。発熱抵抗体の密度は8
　ドット/mmの密度であることが一般的で、サーマルヘッドを正確に制御することで、ドットの集合体として文字や絵を表
　現することができます。

た。ただ、印刷した字が崩れてしまうんです。どうしてでしょう（図1.2参照）。

室井■それはな、制御の基本がわかってないからレシートの字が崩れるんだ。俺も20年前に先輩から教わったよ。昔取った杵柄で、サーマルプリンタの原理を教えてやるからよく聞いておけよ。

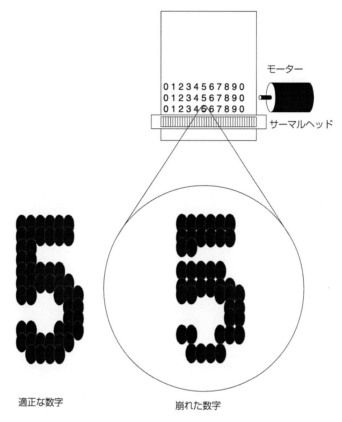

適正な数字　　　　　　　　崩れた数字

図1.2　サーマルプリントの文字の崩れ

　電子レジスターのレシート印刷は感熱紙（ロール紙）にサーマルヘッドと呼ばれる一列に並んだ発熱体に対して選択的に電流を流して点（ドット）を描き、この小さいドットを連ねることで、文字や絵を表現しています。レシートをきれいにかつ早く印刷するためには、モーターを一定の速度で回し、正確な時間間隔（例えば2ms、1秒の500分の1）で印刷したい文字や絵に合わせて発熱体に電流を流さなければいけません。また、感熱紙に印刷されるドットの大きさを一定にするためには周囲の温度によって、発熱体に流す電流の時間を調整する必要があります（図1.3参照）。

サーマルプリンタの制御手順

1. モーターをスタートし、感熱紙を搬送する。
2. 印刷用のデータをサーマルヘッドの並びに変換する。
3. 変換したデータをサーマルヘッドに送り出す。
4. データが送り終わったら、サーミスタで取り込んだサーマルヘッドの温度をもとに、一定時間発熱抵抗体に電流を流し（ストローブ）、選択したドットの下にある感熱紙を黒くする。
5. 2〜5を正確な時間間隔で繰り返す。
6. 印刷した絵や文字を外に見えるところまで搬送しモーターを止める。

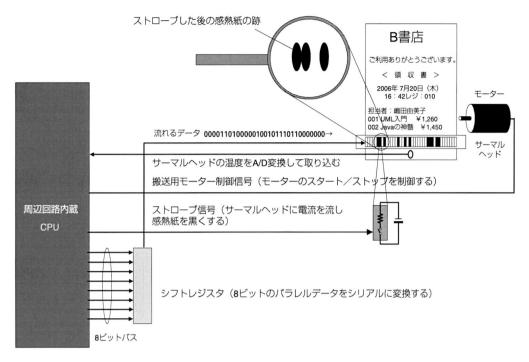

図1.3　サーマルプリンタ制御手順

室井■この、正確な時間間隔というところがミソなんだな。タイマー割り込みを使ってきっちり2ms
　　　のタイミングを作り、割り込みハンドラでDMA（Direct Memory Access）[1]を使ってデータ
　　　を転送してから、別のタイマーでストローブ（放電）の時間をカウントすればばっちりだ。電
　　　子レジスターのソフトウェア制御ではレシート印刷が肝なんだよ。これができれば、一人前の
　　　組込みソフトエンジニアだな。

組田■室井課長、サーマルプリンタに印刷するためのソフトウェア制御の基本は確かにそれで正し
　　　いんですが、課長が頭の中で描いているソフトウェアの作りってこんな感じじゃないですか
　　　（図1.4参照）。

室井■そうだよ。これで何か問題あるのか。

組田■サーマルプリントの機能だけ実現するだけなら1つのメインループと割り込み処理の組み合
　　　わせでもかまいませんが、他にもたくさんある機能を1つのCPUで実現しようとしたらプロ
　　　グラムが複雑になってすぐに破綻しますよ。

　割り込みは組込みシステムでリアルタイム処理を実現するために必須な機能です。命令を順番に
読み出しては実行していくノイマン型のコンピュータでは発生したイベントに素早く応答するため
に割り込みによってイベントの発生を関知し、今実施している仕事の流れを一端止めて割り込み処
理（割り込みハンドラ）の方を実行させます。割り込みハンドラのハンドラとは例外や割り込みを処
理する事を指し、ハンドラはアプリケーションソフト（応用ソフト）とは区別されます。

1　DMA（Direct Memory Access）：CPUを介さずに各周辺デバイスや、外部デバイスと直接データ転送を行うこと。

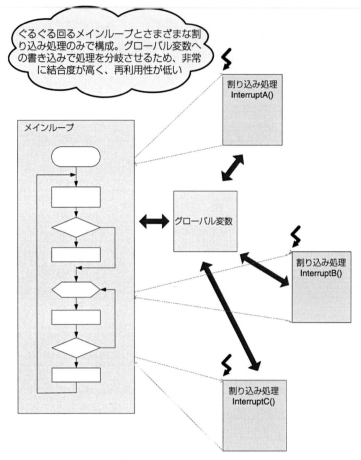

図1.4　メインループと割り込み処理

　リアルタイムシステムを実現する最も単純な方法は、ぐるぐる回るメインループ処理と複数の割り込みハンドラで機器のソフトウェア全体を構成するやり方です（図1.4 参照）。

　メインループ処理はアイドリング処理とも呼ばれ、定常的に行う作業を行いながら割り込みが発生するのを待っている状態です。割り込みが発生したときに、システムの状態を割り込みハンドラに知らせたり、割り込みハンドラからメインループに何か伝えたいときには、C 言語のグローバル変数を使って状態の変化を通知します。

　1 つのメインループと、割り込み処理の組み合わせという設計はソフトウェアのオーバーヘッドが小さく、1 チップマイコンの性能を活かし、時間的な制約条件をクリアするのに最も有利な方法です。しかし、1 つの CPU で複数の機能を実現するときにはソフトウェアのモジュールとモジュールの結合が強くなり、1 つのモジュールの変更が他のモジュールに影響を及ぼしやすい設計手法です。ソフトウェアの規模が大きくなればモジュール単位の再利用が難しいばかりか、バグの原因を見つけることも困難になり、プログラムの修正が他のモジュールに副作用を及ぼす可能性が高くなります。

　ソフトウェアの規模が大きくなり、並行して動作させたい処理が増えてきた現在では、モジュールの独立性を高め、モジュールごとにプログラムを分けて記述できるようにすることが、ソフトウェアの信頼性や再利用性を高めるための条件となっています。

　規模の小さいソフトウェアなら、1 つのメインループと、割り込み処理の組み合わせという設計で

も、ソフトウェアの中身を考慮しないブラックボックステスト[1]により十分に網羅性の高いテストを実施することが可能です。しかし、規模の大きいソフトウェアの場合、ソフトウェアモジュールの独立性が低いと、テストパターンの組み合わせが爆発し、信頼性を十分に検証できないまま製品を出荷することになりかねません。

組田■課長、電子レジスターのような規模の大きい組込みソフトならリアルタイム OS（Real Time Operating System）を使うのが常識です。

室井■常識っていうのが引っかかるな。俺の時代の常識はもう通じないってことか。

組田■20 年前に比べたら、今のソフトウェア技術はかなり進化しているんです。リアルタイム OS を使った場合と使わない場合の処理分割の違いを見て下さい。課長の時代のプログラム構造は左の方です。今では、右のようにリアルタイム OS を使って機能を独立させているんですよ（図 1.5 参照）。

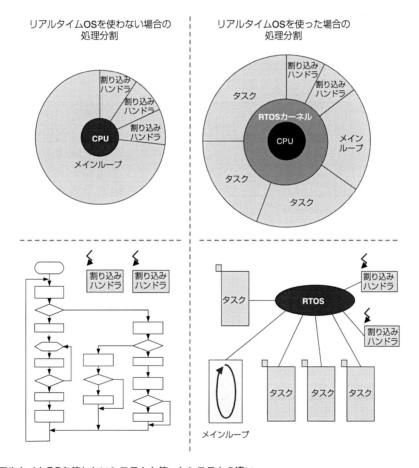

図1.5 リアルタイムOSを使わないシステムと使ったシステムの違い

室井■じゃあ、リアルタイム OS を使った佐藤君が作ったソフトで印刷した数字が崩れているのはなんでなんだ。

組田■それは、佐藤君がリアルタイム OS を憶えたてで OS の基本とその使い方、そして、サーマル

---

1 ブラックボックステスト：プログラムの内部構造を見ず、外部から見た機能やインターフェース仕様を頼りに対象となるプログラムをテストする方法。

プリントの時間的な制約についてまだ十分に理解できていなくて、その制約条件に合わせて
OS や CPU の周辺デバイスの機能を使いこなせていないからです。

1-2　ワンチップマイコンと割り込み

　組込みソフトで CPU と言った場合、CPU コアに周辺デバイスを付加し 1 つのパッケージにした
ワンチップマイコン[1] を指すことがほとんどです（図 1.6 参照）。

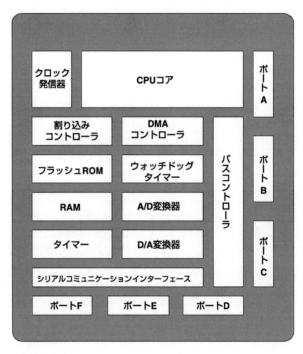

図1.6　ワンチップマイコンの内部構造

　表 1.1 にあるように、ワンチップマイコンの CPU コアや周辺デバイスの種類にはさまざまなバリ
エーションがあり、組込みソフトエンジニアは電気系のエンジニアと相談し、対象となる組込み機器
に最適なマイコンを選択します。近年では特定の手順でプログラムを書き換えることのできるフ
ラッシュ ROM（Read Only Memory）を内蔵したマイコンが登場し、ワンチップマイコンだけでほ
とんどのデジタル処理を完結させるケースも増えてきました。

1　ワンチップマイコン（ワンチップマイクロコンピュータ）：ワンチップマイコンは CPU コアにフラッシュ ROM/RAM、入出
　力ポートや割り込みコントローラ、タイマー、A/D 変換器などを合わせて、1 つのパッケージにした周辺デバイス内蔵のマイ
　クロコンピュータです。各周辺デバイスの動作方法の指定については、CPU のハードウェアマニュアルにしたがってソフト
　ウェアで設定します。このような CPU や CPU 周辺デバイスの設定プログラムをスタートアッププログラムと呼び、ワンチッ
　プマイコンの周辺デバイスの設定方法は、マイコンによって異なるため通常スタートアッププログラムは互換性がありませ
　ん。

表1.1　ワンチップマイコンの周辺デバイスとその役割

周辺デバイス	役割
クロック発信器	CPUを動かすためのタイミングを発生させる。
割り込みコントローラ	マイコン外部または、マイコン周辺デバイスに割り込み要因が発生したとき、プログラムの流れを変える。
フラッシュROM （Read Only Memory）	プログラムを格納する領域。フラッシュROMは特殊な動作によりプログラムを書き換えることが可能。通常動作状態では読みとりしかできない。
RAM （Randam Access Memory）	データを一時的に保存するための領域。高速にデータの書き換えを行うことが可能。
タイマー	クロック発信器の周期を基本にして時間をカウントし、設定したタイミングでさまざまな動作を行うことができる。
DMA（Direct Memory Access）コントローラ	CPUを介さずに各周辺デバイスや、外部デバイスと直接データ転送を行う。
ウォッチドッグタイマー	CPUが暴走したとき、CPUをリセットするための番犬の役割を果たす。ある一定時間以内に、ウォッチドッグタイマーにアクセスできないと、CPUにリセットがかかる。
A/D変換器	アナログ信号をデジタルに変換して入力する。
D/A変換器	デジタル信号をアナログ信号に変換し出力する。
シリアルコミュニケーションインターフェース	8ビットのデータを、0と1の連続データに変換する。通信のレートよりも早いサンプリングを行い、同期を取るためのクロックを使わない非同期シリアル通信を行うこともできる。
バスコントローラ	アドレスバスをブロック分けし、マイコン外部の機器のバススピードを調整したりする。
ポート	ビット単位でマイコン外部と入力や出力を行う。

　ワンチップマイコンの頭脳であるCPUの内部は、図1.7のようになっています。プログラムカウンタは実行命令が格納されているROM上のアドレスを保持するところです。プログラムカウンタが示すアドレスに格納された命令を命令レジスタに読み込み、演算に必要なデータを汎用レジスタに読み出し演算器で演算します。演算したデータは別の汎用レジスタに格納されます。

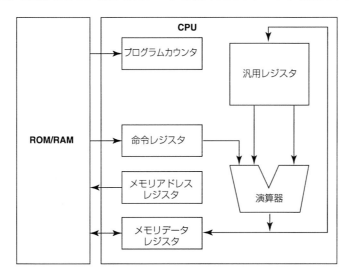

図1.7　CPUの内部構造

　汎用レジスタに格納しきれないデータはスタック領域と呼ばれるRAM上のメモリ領域に一時的に保管されます。スタックポインタはスタック領域内にデータを格納する場所を示すアドレスです。ステータスレジスタは、CPUの状態や演算結果の付帯情報が格納されています。

　ワンチップマイコンを使ってリアルタイムシステムを実現するには割り込み処理が不可欠です。

　割り込みとは割り込み要因となるイベントが発生した際に、それまで動いていた処理をいったん中断して、割り込み要因が発生したときのためにあらかじめ用意しておいた処理にスイッチすること意味します。

　周辺デバイスを内蔵したワンチップマイコンには、割り込みを発生させるデバイスと割り込みが発生したときに、割り込みを制御するコントローラも内蔵されています。

　処理を行う CPU は 1 つしかないので、割り込みが発生し、それまで動いていた処理をいったん中断して、割り込み処理が終わった後に CPU の状態をもとに戻すには図 1.7 で説明した CPU 内部のレジスタ群を割り込み発生時に退避しておく必要があります（図 1.8 参照）。

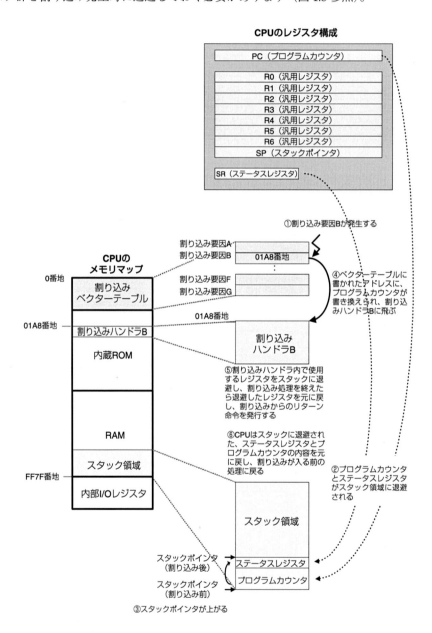

図1.8　割り込みとレジスタ退避の仕組み

割り込み発生から元の割り込み前の処理に戻るまでの手順

1. 割り込み要因が発生する。

2. 割り込みが終了したときに戻すべきPC（プログラムカウンタ）とSR（ステータスレジスタ）をSP（スタックポインタ）が指し示す領域に退避する

3. SP（スタックポインタ）が退避したPC（プログラムカウンタ）とSR（ステータスレジスタ）のぶん上に上がる

4. 割り込み要因ごとに、割り込みハンドラの先頭アドレスを並べた割り込みベクターテーブルが参照され、発生した割り込み要因に対応する割り込みハンドラの先頭アドレスにPC（プログラムカウンタ）が書き換えられ、割り込みハンドラに処理が移る。

5. 割り込みハンドラの中で使うレジスタを、スタック領域に退避し、割り込み処理を終えたら退避したレジスタを元に戻し、割り込みからのリターン命令を発効する。

6. CPUはスタックに退避されたSR（ステータレジスタ）の内容をもとに戻し、とPC（プログラムカウンタ）のアドレスにジャンプすることで割り込みが入る前の状態にする。

割り込みハンドラの中で使うレジスタをスタックに退避するプログラムはアセンブラなら自分で記述する必要がありますが、C言語を使う場合はコンパイラが自動的に退避するコードを埋め込んでしまうので、プログラマはレジスタを退避する必要はありません。スタック領域にはこのような割り込み終了時に戻るPC（プログラムカウンタ）やSR（ステータレジスタ）、汎用レジスタなどが一時的に格納されるため、割り込みハンドラの処理の中で誤ってスタック領域をこわしてしまったりすると、とたんにプログラムが暴走します。

割り込みコントローラの機能を使うことによって、同時に発生した割り込み要因に対して優先度を設定することができます。割り込み発生後割り込みハンドラの処理を行っている最中に別の優先度の高い割り込みが発生した場合処理をスイッチする多重割り込みに対応することも可能です。割り込み処理中に優先度の低い割り込みが発生したときは現在処理している割り込みが終了してから優先度の低い割り込みにスイッチします。

組込みシステムが1つの機能しか求められていなければ、1つのメインループと複数の割り込み処理を駆使することで、要求された機能を実現することができます。このようなケースではリアルタイムOSを使う必要はありません。リアルタイムOSは、1つのCPUがシステムの中でリアルタイム性能を持った複数の機能が要求されているときに必要になります。

CPUはその性能が飛躍的に向上したため、コストダウンの要求とも重なって1つのCPUで複数の機能的な役割とリアルタイム性能を求められるようになりました。このため、1つのメインループと割り込み処理だけではソフトウェアの再利用性や信頼性を向上することができず、リアルタイムOSを使う機会が増えています。

1-3 リアルタイムOSの基礎

リアルタイムOSとは

リアルタイムOSの定義は「応答時間が一定の範囲内にあることが保証されているOS」とすることが一般的です。保証する応答時間によってハードリアルタイムのシステム、ソフトリアルタイムのシステムに分類されます。ハードリアルタイムとソフトリアルタイムの応答時間の境目は、リアルタ

イムシステムを構築する側のとらえ方によって変わります。本書では、ハードリアルタイムは数十マイクロ秒の応答、ソフトリアルタイムは数十ミリ秒の応答を想定しています。また、ソフトリアルタイムよりも応答が遅くてもよい、例えば数秒や数十分以内に終わればよい処理はリアルタイム要求に対してスループット要求が求められていると考えます。

　スループット（throughput）は時間内に処理可能な数、情報量という意味で、スループット要求とは応答時間の制限よりも、できるだけ多くの処理をこなして欲しいという要求です。

　デジタル処理を行うハードウェアデバイスのバリエーションが増えたことにより、現在では応答時間が守れなければ装置が破壊されたり、元に戻せないような事態が発生する処理はソフトウェアではなくハードウェアを使って実現することが多くなっています。そうなると、ソフトウェアが担うリアルタイム性は、応答は早ければ早いほど良いというソフトウェアリアルタイムの要求が強くなり、応答の早さはユーザーが体感する機器のユーザーインターフェースのレスポンスのよさを実現する要素となります。

　そうなると、非リアルタイム OS でも非常に早い CPU を使うことによって、ユーザーインターフェースのレスポンスを高くすることが可能です。ただ、一般的に数ギガ Hz のクロック周波数で動作する高速の CPU と汎用のマルチタスク OS の組み合わせでは付加機能を後から追加することが多く、たくさんの機能が追加されるとすべての応答速度が平均化されてしまうため特定の機能のレスポンスの早さだけを高くしておくことは簡単ではありません。リアルタイム OS を使っていれば、OS の仕事の単位であるタスクの優先度を調整することにより、応答速度を保証することが可能です。

　組込みシステムに採用する OS を選択するときは、そのシステムに求められる応答性や信頼性、開発環境構築にしやすさなどを総合的に考えて判断する必要があります。

リアルタイムOSの導入

　かつての組込みシステムでは、組込み機器に求められるリアルタイム性は、CPU とその周辺デバイスを駆使し、メインループと割り込み処理によって実現していました。現在でも、CPU とその周辺デバイス、割り込み処理はリアルタイム性の実現のためには欠かせない存在であり、こられの特長を最大限に生かした設計をしなければ組込み機器に求められるリアルタイム要求を満たすことはできません。

　しかし、CPU の性能が向上し、ROM/RAM の容量が増え、コンパクトなリアルタイム OS が登場したことによって、リアルタイム OS のオーバーヘッドは最小限に抑えられ、システムのリアルタイム性を確保したままソフトウェアモジュールの独立性を高めることができるようになりました。リアルタイム OS の心臓部であるカーネルはコンパクトで、必要とする RAM の容量も小さいため、多くの組込みシステムにリアルタイム OS は使われています。

　一方で、リアルタイム OS はタスクスケジューリングの考え方がWindows や、その他のマルチタスク OS とは異なるためパソコン上で簡便に学習することが難しいという問題を抱えています。組込みソフトエンジニアは実際に開発に用いるターゲットボードを使い、実機上でシステムを構築しながらリアルタイム OS がどのように動くのかを憶えていくしかありません。このため、リアルタイム OS を使ったモジュール分割については、効率的な教材が普及せずに自己流の分割が後を絶たず、リアルタイム性を実現しながらモジュールの独立性を高めるというリアルタイム OS を使う本来の目的が達成できていないシステムが多く存在しています。

コラム---リアルタイムOSとLinux

　Linux は 1991 年にフィンランドのヘルシンキ大学の大学院生だった Linus Torvalds 氏が開発した、UNIX 互換のマルチタスク OS です。Linux は既存の OS のコードを流用せずに作られ、GPL（GNU 一般公的使用許諾：The GNU General Public License）のライセンス体系に基づいて公開されたため、急速にその利用が広がりました。

　その後、要求仕様の多様化が進んだ組込みの分野でも、利用料のかからない Linux と性能が向上したCPU や価格の下がった周辺デバイスとを組み合わせでシステムを構築したいと考えるメーカーやベンダーが増えてきました。組込み機器メーカーが Linux を選択する理由は、製品 1 台ごとに支払っていたOS のライセンス料が必要なくなる点と、それまで UNIX 上で構築された X Window System などの GUI（Graphical User Interface：グラフィックスを使った情報の表示を行うためのユーザーインターフェースのこと）や TCP/IP（Transmission Control Protocol/Internet Protocol：インターネットやイントラネットで標準的に使われるプロトコル）のプロトコルスタック（階層状に積み上げたソフトウェア群）などの豊富なミドルウェアが無償で使えるからです。Linux はもともとリアルタイム OS を強く意識して作られた OS ではありませんでした。そこで、誰でも自由に改変・再配布することができるという GPL に基づいて「マイクロカーネル方式」、「ハイブリッド方式」、「スタンドアロン方式」の 3 種類のリアルタイム性能を追求した派生 Linux が作られました。

　これにより組込みソフトエンジニアは、リアルタイム性が求められる組込み機器にリアルタイム性能を高めた Linux を選択できるようになりました。（ハイブリッド方式は、リアルタイム OS の 1 つのタスクに Linux のカーネルを割り当てています。）

　そこで迷うのは、規模が大きい組込みシステムに対して、リアルタイム性を高めた Linux を使うべきか、リアルタイム OS を使うのが良いのか、それとも、リアルタイム OS でない Windows の系列の Windows CE などを選択した方が良いかという点です（コラム表 1.1 参照）。

コラム表1.1　組込みシステムへのOSの適合性比較

	ITRONなど コンパクト なリアルタ イムOS	T-Kernel*	リアルタイム 性能を高めた Linux	Windows XP	Windows CE
フットプリント（ROM、RAMの 使用量）が小さい	◎	×	×	×	×
ハードリアルタイム性の実現	○	○	○	×	○
ミドルウェアの調達のしやすさ	△	○	○	◎	◎
OSの学習のしやすさ	△	△	○	△	△
開発環境構築の容易さ	×	△	△	◎	◎
ハードウェアとの結合の容易性	◎	○	△	△	△
ライセンス料の負担の軽さ	○	○	◎	×	×

＊ T-Kernelは μ ITRONをベースにした互換性の高いリアルタイムOS。T-Kernelを内蔵した共通プラットフォームがT-Engineとなります。

　リアルタイム性を高めた Linux 採用時の注意点は、源流の Linux から派生しているため、Linux 本体はもとより、特に派生部分についての信頼性の検証や保証は誰が行うかを明確にしなければいけないという点です。Linux はオープンソフトウェアでソースが公開され、ライセンス料が無料であるという理由から、製品に組み込んだときの動作の保証は使用者側が行うことが原則となっています。

　OS の動作を検証するには OS の提供者から示された OS の機能仕様が明確になっている必要があります。Windows や Linux の場合は OS の機能が多く、OS のサイズ自体が大きいためすべての機能をユ

ーリー側が検証することは困難です。Linux の場合は不具合を見つけた場合、自分自身でソースコードを
解析して修正することもできますが、Windows のように OS の中身が見えない場合は不具合を見つけ
ても直してもらうのに時間がかかることもあります。

　リアルタイム OS は規模が小さいく、μITRON と T-Engine は T-Engine フォーラムが定めた仕様に準拠
していることが求められているため、ユーザーはいつでも元となった OS の標準仕様を確認することが
できます。ユーザーは OS のこの標準仕様を使って漏れのない機能テストを実施し、信頼性を検証する
ことができます。また、OS の仕様は標準化されているため、同じ ITRON や T-Engine の OS であれば、
OS を供給するベンダーが変わってもテスト仕様自体は再利用することが可能です。第 4 章で詳しく解
説しますが、組込み機器では OS をブラックボックスのまま使うとメーカーはリスクを背負うことにな
ります。

イベント駆動型システム

　キーが押されたり、シリアルコミニュケーションインターフェースからデータを受信したり、外部
センサーの変化を感知したりといった何らかの処理のきっかけになる出来事をイベントといい、こ
のようなイベントをトリガーにして駆動される処理で構成されるシステムをイベント駆動型（イベ
ントドリブン Event driven）のシステムと呼びます。イベントは、対象となるシステムやセンサーに
よって、周期的または、不定期に発生する場合があります。また、イベントが発生してから定められ
た時間以内（数十マイクロ秒）に処理を完結しなければいけない処理をハードリアルタイム処理と呼
び、数十ミリ秒程度の時間遅れが許される処理をソフトリアルタイム処理と呼びます。さらに時間制
約が緩やかな処理については本書ではスループット要求の処理としています。

　遅れが許容できるかどうかは、時間遅れが発生したことにより組込み機器自体が破壊されたり、
ユーザーに危害が加わらないかの他、時間遅れにより組込み機器から出力される成果物の品質が要
求を満たせるかどうかで判断します。電子レジスターの場合、レシート印刷を行う際に数 ms 周期で
正確にサーマルヘッドに対してデータを送出し、抵抗発熱体に電流を流さなければいけません。この
周期にブレや抜けが生じると文字や絵が崩れてしまい電子レジスターとしての要求品質を満たすこ
とができないため、サーマルヘッドに対する処理はハードリアルタイム処理と言えます。一方、売り
上げデータのストレージコンピュータやホストコンピュータへの送信は数十マイクロ秒や数十ミリ
秒以内に終わらなければいけないというような厳密な時間制約がないためスループット要求の処理
であり、他の優先度の高い処理を終えてから実施すればよいということになります。

　組込みソフトエンジニアは、組込みシステムで実現する機能がハードリアルタイムなのかソフトリ
アルタイムなのか、またはスループット要求なのかを正確に判断する必要があります。ハードリアル
タイムが実現できるかどうかは、実際に製品開発を始める前に CPU が搭載された試作用のハード
ウェアを作って確認することもあります。組込みシステムの場合、全く新規の市場に全く新しい仕様
の製品を投入するケースは少ないため、従来機種におけるリアルタイム性能を参考にしながら新機種
の設計を行いますが、CPU や OS を新しいものに変えるときなどは注意が必要です。CPU の性能は
年々向上が著しいものの、コンパクトな OS から汎用性を高めるためにフットプリントの大きい
（ROM/RAM の使用量が多い）OS に変更した場合、ハードリアルタイムが求められていた処理が間
に合わなくなる場合もあります。このようなときは、新しいハードウェア、ソフトウェアで装置に求
められる品質が実現できるかどうかをプロトタイプ（試作）モデルで確認しておくべきでしょう。

リアルタイムOS上でのタスクの切り替え

　リアルタイム OS では、処理するモジュールの単位をタスク（仕事）と呼びます。複数のタスクがあたかも同時に動いているかのように制御する OS のことをリアルタイム性能があるかないかとは別にマルチタスク OS と呼びます。リアルタイム OS、UNIX、Linux、Windows など、現在存在するほとんどの OS はマルチタスク OS です。マルチタスク OS でかつ、ハードリアルタイム処理を実現できる OS はリアルタイムマルチタスク OS と呼ばれます。OS によっては、タスクのことをプロセスやスレッドと呼ぶ場合もあります。リアルタイム OS の世界では、事実上の標準（de facto standard）となっている μ ITRON がタスク[1]という言葉を使用しています。

　リアルタイム OS の心臓部であるリアルタイム OS カーネル（kernel：核）は、CPU と割り込みハンドラ、タスクの間に入ってタスクの切り替えに関与します。

　タスクの切り替え時は割り込みの際のレジスタ退避のメカニズムと同じように、それまで使っていた PC（プログラムカウンタ）、SR（ステータスレジスタ）、SP（スタックポインタ）、汎用レジスタを RAM 上の領域にいったん退避しておきます。そして、該当するタスクの処理を再び継続するときに、リアルタイム OS が退避しておいたレジスタ類をもとに戻します（図 1.9 参照）。

　割り込みの際のレジスタ退避と異なるのは、退避するレジスタ類がシステムのスタック領域ではなく、TCB（Task Control Block）と呼ばれる RAM 上に配置されたリアルタイム OS が管理する領域に格納される点です。

　また、タスクが起動されている間に使用するスタック領域はタスクスタック領域と呼ばれ、システムスタック領域とは別にリアルタイム OS の管理領域として RAM 上に確保されています。タスクが動いている際に、アセンブラのサブルーチンや、C 言語の関数を呼ぶとタスクスタック領域に、サブルーチンや関数の戻りアドレスや、ローカル変数で使う領域をタスク別に用意されたタスクスタックに確保します。これは、タスク起動時に関数が呼ばれ、関数の戻り値がスタックに積まれた状態でタスクが別のタスクにスイッチされ、また、このタスクに処理が戻ったときにスタックポインタとスタックに積まれているデータももとの状態に戻すために必要な仕組みです。

　したがって、タスク起動中にどれくらい関数がネスト（Nest：サブルーチンや関数の中から、さらに別の関数を呼ぶこと）するか、また、タスク起動中に割り込みがいくつ入り、割り込みハンドラの中でどれくらいスタックを使うかを計算してタスクスタック領域の大きさを見積もる必要があります。通常、タスクの中で割り込みを禁止することはないので、どこで割り込みが起こってもよいようにすべてのタスクスタック領域に割り込みで使うぶんのスタックを見積もっておく必要があります。それが無駄であり、RAM の使用量を減らしたい場合は、割り込み専用のスタックを用意し、割り込みハンドラの先頭でスタックポインタを割り込み専用のスタックに切り替え、割り込み終了時にスタックポインタをもとに戻すという方法もあります。このスタックの切り替えはリアルタイム OS は関与しないので、OS を使うユーザーの責任で行うことになります。

　タスクスタックの見積もりを誤ると、隣のタスクスタック領域を意図せずに壊す可能性があります。タスクスタックの領域の見積りは OS を使用する側の責任です。タスクスタックの見積もりを誤ると、原因のわかりにくい不具合として、後に組込みソフトエンジニアを悩ませることになる場合があります。このような問題が起こらないように、タスクスタック領域は多めに取っておくこととよい

1　タスク：Windows や Linux を通常使用しているエンジニアと OS についてディスカッションするときには、タスク、プロセス、スレッドといった用語がクロスオーバーするため混乱する場合があり注意が必要です。

のですが、RAM の使用量に制限がある場合などは、システムが大きくなるたびに必要なタスクスタックの容量を計算してタスクスタックのサイズを再定義する必要があります。

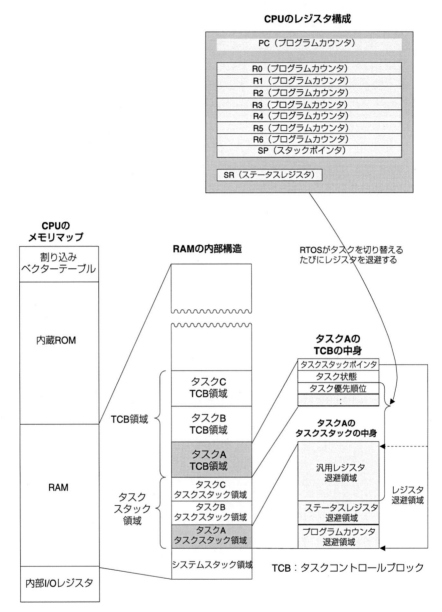

図1.9　レジスタ退避とTCBの関係

タスクスイッチングの際の**TCB**へのレジスタの退避手順 （図1.9参照）

1. タスクを切り替える要因が発生する。または、タスクが自ら待ち状態に移行しようとする。

2. リアルタイム OS のシステムコール[1]を発行し、リアルタイム OS のカーネルに主導権を渡す。

3. カーネルは、発行されたシステムコールの内容から、タスクをスイッチするか、待ち状態に移行させるべきか判断する。

4. カーネルがそれまで動いていたタスクを実行状態から実行可能状態、または、待ち状態にすると判断した場合は、タスクが使用していた PC（プログラムカウンタ）と SR（ステータスレジスタ）を SP（スタックポインタ）を該当するタスクの TCB（Task Control Block）に退避する。

5. カーネルはそれまで動いていたタスクに変わり、実行状態にすると判断したタスクの TCB（Task Control Block）から、SR（ステータスレジスタ）を SP（スタックポインタ）を取り出し、その他のカーネルとしての手続きを終えた後タスクスイッチする対象のタスクの処理実行アドレス（TCB に格納されていたプログラムカウンタのアドレス）にジャンプする。

CPU とタスクの関係を忍者にたとえると（図1.10）にようになります。忍者（CPU）は分身の術（リアルタイム OS）を使って5人の分身（タスク）に分かれることができます。外から見ているとそれぞれの忍者は独立に動いているように見えますが実体は1つです。逆に考えれば、リアルタイムOS を使えば、1人しかいない忍者（CPU）が、あたかも複数人いるかのように見せ、それぞれが

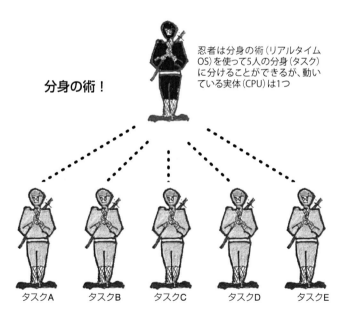

分身の術！

忍者は分身の術（リアルタイムOS）を使って5人の分身（タスク）に分けることができるが、動いている実体（CPU）は1つ

タスクA タスクB タスクC タスクD タスクE

図1.10 CPUとタスクの関係を忍者にたとえると

1 システムコール：リアルタイム OS の機能を始動するためのリアルタイム OS カーネルが用意したインターフェースことを指します。アセンブラからはサブルーチンコール、C 言語のソースからは関数呼び出しによってシステムコールを発行することができます。割り込みハンドラやタスクからシステムコールを発行しリアルタイム OS にアクセスすることでいったんカーネルに主導権が移り、タスクスイッチングなど必要な処理を終えた後にシステムコールを発行したハンドラやタスクに再び主導権が戻ります。
μITRON の仕様書ではリアルタイム OS へのインターフェースのことをサービスコールと定義されていていますが、本書ではWindows や Linux と同等の用語としてシステムコールという言葉を使用します。

独立して動いているかのように振る舞わせることができるということです。ただ、気をつけなければいけないのは、分身した忍者たち（タスク）の実体（CPU とレジスタ）は 1 つだけであるということです。

　分身した忍者であるタスクが切り替わる際にはそれまで使っていたレジスタは TCB（Task Control Block）に保存され、別のタスクから主導権が戻ったらレジスタを戻して、何事もなかったように作業を続けるという仕組みで分身の術は成り立っています。

　したがって、TCB はアプリケーションソフトのバグなどで不正に書き換えられたりするととたんに CPU は暴走します。暴走しないまでも、非常に原因がわかり不具合に発展してしまうこともあります。このような事態を回避することを目的としたメモリ保護機能付きのリアルタイム OS もあります。リアルタイム OS を利用する組込みソフトエンジニアは、リアルタイム OS を使うとなぜ複数の処理が独立して動いているかのように見せられるのかを理解しておく必要があります。なぜなら、リアルタイム OS の仕組みを知ることは、リアルタイム OS にかかわる原因のわかりにくい不具合を解明し、リアルタイム OS を使ったアーキテクチャ（システム構造）を最適化することに役立つからです。

タスクの状態遷移

　リアルタイム OS はタスクの状態を変え、最も優先度の高いタスクを CPU に割り付けることで、リアルタイム性能を確保しつつ、単一の CPU の上で疑似並列処理を実現しています。リアルタイム OS から見て、タスクを実行可能状態にすることをディスパッチ（dispatch：割り当てる）といい、現在実行中のタスクを実行状態から外すことをプリエンプト（preempt：横取り）と呼びます。

　タスクは基本的に DORMANT（休止状態）、READY（実行可能状態）、RUNNING（実行状態）、WAITING（待ち状態）の 4 つの状態を持ち、READY（実行可能状態）、RUNNING（実行状態）、WAITING（待ち状態）の 3 つが、タスクが活動している（アクティブである）状態です（図 1.11 参照）。

　タスクが待ち状態になる要因としては「時間経過待ち」、「メッセージ待ち」、「セマフォ待ち」、「イベント待ち」などがあります。

　CPU は 1 つしかないため、RUNNING（実行状態）になっているタスクはどの時刻に置いてもただ 1 つです。READY（実行可能状態）や WAITING（待ち状態）になっているタスクは複数存在し、システムコールが発行されたときに、待ち状態を解除すべきかどうか、実行状態にあるタスクと実行可能状態にあるタスクの中で一番優先度の高いタスクはどれかを判断し、タスクスイッチングが必要となった場合は、現在実行中のタスクをプリエンプトし、優先度の高いタスクをディスパッチします。

　タスクは別のタスクからシステムコールによって、DORMANT（休止状態）から READY（実行可能状態）に移行させることができますが、システム起動時から READY（実行可能状態）にしたいタスクがある場合は TCB（Task Control Block）のタスク状態をあらかじめ、READY にしておけば、リアルタイム OS が初期化の段階で、該当するタスクを READY（実行可能状態）にしてくれます。

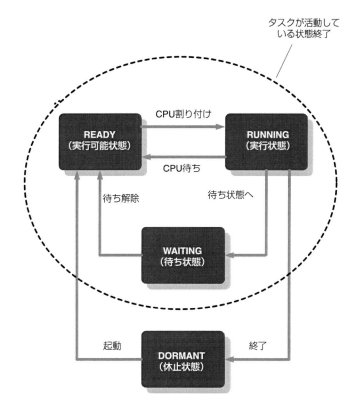

図1.11　タスクの状態遷移

タスクのスケジューリング

　同じマルチタスク OS でもイベント駆動型の OS とタイムシェアリング型の OS ではタスクのスケジューリングの方法が異なります[1]。タイムシェアリング型の OS とは、ハードウェアタイマーを使って CPU の割り当てる時間を短く区切り（タイムスライス）、実行可能状態になっているタスクに対してタイムスライスを均等に割り当てるラウンドロビン[2]方式のスケジューリングを行う OS です。Windows はタイムシェアリング型の OS であり、タスク（Windows ではスレッドと呼ぶ）に優先度を付けることができますが、優先度の高いタスクに複数回の割り当て時間が割り付けられるだけで、優先度の低いタスクから CPU の割り当てを完全に奪うことはできません。一方、リアルタイム OS ではシステムコールが呼ばれ自分より優先度の高いタスクが READY（実行可能状態）にならない限り、CPU を占有することが可能です。逆に言えば、イベントが発生し、現在動作中のタスクよりも優先度の高いタスクに CPU を割り当てたい場合は、割り込みハンドラなどからシステムコールを発行して、優先度の高いタスクがあることをカーネルに知らせ、該当するタスクを READY（実行可能状態）にして、ディスパッチしてもらわなければなりません。割り込みハンドラの中で発

1　イベント駆動型とタイムシェアリング型の OS：かつてタイムシェアリング型の OS として UNIX が主流だったころ、イベント駆動型の OS=リアルタイム OS、タイムシェアリング型の OS=非リアルタイム OS という構図が成り立っていましたが、現在ではタイムシェアリング型のスケジューリングを行う OS においてもタスク（スレッド）に優先度が付けられるようになり、タイムシェアリング型であるから応答が遅いとは言えなくなってきています。しかし、システムの全機能を実装した後で応答性の調整を行う必要性があるのならイベント駆動とタイムシェアリングのスケジューリングの本質的な違いについて理解しておく必要があります。

2　ラウンドロビン：駒鳥（robin）がぐるぐると巡回している様子に見立てて名付けられました。

生したイベントに対する処理を完結させてしまえば、リアルタイム OS に主導権を渡す必要はありません。処理に優先度を付ける必要がある場合は、処理をリアルタイム OS のタスクに割り当てた上でタスクに優先順位を付けます。これによりリアルタイム OS のスケジューリング調停の機能が利用できるようになります。

　図 1.12 の上のように、リアルタイム OS を使う場合、イベント 1 の割り込みが発生し割り込みハンドラ処理の最後でタスク 2 を起動するシステムコールが発行されると、リアルタイム OS のカーネルは繰り返し定常処理で動いていたタスク 3 を RUNNING（実行状態）から、READY（実行可能状態）にして、優先度の高いタスク 2 を、DORMANT（休止状態）から READY（実行可能状態）に移行し、すぐさま RUNNING（実行状態）にします。

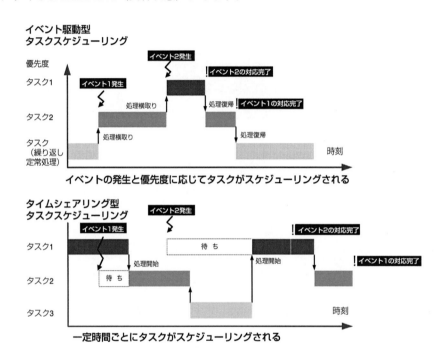

※T-Engine フォーラムの資料を基に作成

図1.12　OSによるタスクスケジューリングの違い

　次に、タスク 2 が起動中にイベント 2 の割り込みが発生します。イベント 2 の割り込みハンドラからタスク 1 を起動するシステムコールが発行され、リアルタイム OS のカーネルは RUNNING（実行状態）だったタスク 2 を READY（実行可能状態）にして、タスク 2 よりも優先度の高いタスク 1 を、DORMANT（休止状態）から RUNNING（実行状態）にします。そして、イベント 2 の処理として用意されたタスク 1 が終了し自タスクを DORMANT（休止状態）にするシステムコールが発行され、リアルタイム OS のカーネルは、READY（実行可能状態）にしてあったタスク 2 を、RUNNING（実行状態）に復帰させます。そして、イベント 1 の処理として用意されたタスク 2 が終了し、自タスクを DORMANT（休止状態）にするシステムコールが発行されると、リアルタイム OS のカーネルは、READY（実行可能状態）にしてあったタスク 3 の繰り返し定常処理を RUNNING（実行状態）に復帰させます。

　このように、イベント駆動型のタスクスケジューリングを実行するリアルタイム OS では、イベン

トに割り当てた処理を素早く起動し処理が終わるまで CPU を占有し、処理が終わったら、RUNNING（実行状態）になることを待っている最も優先順位の高いタスクに主導権を移します。リアルタイム OS では、優先度の高い処理を他に先駆けて実行することができるためハードリアルタイムを実現することが可能です。

　一方、図 1.12 の下のようにタイムシェアリング型のタスクスケジューリングを行う OS では、タスクに優先順位がない場合、イベント 1 が発生しイベント 1 に対応するタスク 2 が起動されるまでには、待ち時間が生じます。また、イベント 1 に続いてイベント 2 が発生しても、タスク 3 の終了を待たなければならず、一定時間内に処理を完了させる保証がありません。このような OS のスケジューリングの方式の違いは、制御系でイベントに対する応答時間（Response time：要求に応答するために必要な時間）を重要視するか、時間を均等に分割して複数のタスクを並列に動作させる、すなわち一定時間内での情報処理の量を増やしたいというスループットの要求を重要視するかといったコンセプトの相違からきていると考えられます。しかし、最近では組込みシステムにおいても、応答時間とスループットの両立が求められる場合が現れるようになりました。厳密な応答時間が要求されない処理とは、マンマシンインターフェースの裏側でバックグラウンドで実施する処理です。組込み機器もネットワークにつながる時代になり、それまで要求されていた応答時間重視のハードリアルタイム／ソフトリアルタイムの処理に加え、空いている時間にできるだけ早くこなしておけばよい処理が増加しています。

　このような応答時間とスループットが複合的に要求される場合は、それらのバランスを十分に考えることが必要です。リアルタイムの応答時間を処理する部分の機能と、スループットが要求される機能を別々の CPU に割り当てた方がよい場合もあります。

1-4　リアルタイムOS[1]の同期・通信

　イベント駆動型のリアルタイム OS では、タスク自らがシステムコールを発行して待ち状態に入るか、割り込みが発生して割り込みハンドラの中でシステムコールが発行されない限り、現在動作中のタスクから他のタスクに主導権が移ることはありません。したがって、タスクの内部で while 文を使って、センサーや外部ポートの状態が変わることを待っていたりすると、その間他のタスクで進めたい処理があったとしても他のタスクが動くことができず、リアルタイム OS を使う意味が全くなくなってしまいます。外部センサーなどの状態を定期的にチェックする（polling：ポーリング）にしても、次の見回り時間がくるまではリアルタイム OS の時間待ちのシステムコールを使って、自タスクを積極的に待ち状態にして、空き時間はリアルタイム OS に CPU の主導権を明け渡して他のタスクを動作させるようにします。

　リアルタイム OS においてタスクを待ち状態にする仕組みは非常に重要です。イベントが発生するのを待つ、資源が空くのを待つ、他のタスクからメッセージがくるのを待つ、一定時間時間を待つといった動作をソースコード上に記述することで、待ちによって分断された処理を別々のソースコードとして記述する必要がなくなり、一連の処理の流れとして 1 つの関数、1 つのソースファイルの中で記述を完結させることができます。この同期、通信、時間待ちといった他タスクとの連携、タイマー制御を一続きの流れでコードを書くことができるということが、リアルタイム OS の最大のメリットです。

1　本書では μITRON 3.0 仕様のリアルタイム OS を想定して解説します。

　リアルタイム OS では、同期、通信、時間待ちに関する仕組みが豊富に用意されているため、リアルタイム性が求められる機能を実現する方法は複数存在します。複数の実装方法から最適な答えを選択できるようになるためにはリアルタイム OS のカーネルが提供する同期・通信・時間待ちの仕組みをよく理解し、使いこなせるようになっていることが必要です。

イベントフラグ

　イベントが発生するまで自タスクを待ち状態にするには、イベントフラグを使います。イベントフラグを使うと、あらかじめ設定したイベントフラグに対して待つべきイベントをビット指定し、複数のイベントがすべて発生するまで待つ（AND 待ち）か、1 つのイベントが発生することを待つ（OR 待ち）のどちらかの待ちを実現できます。イベントフラグの使い方を、イベントを待つタスクと、イベントを発生させるタスク、リアルタイム OS のカーネル内部の動きと合わせて図解しましたのでご覧下さい（図 1.13 参照）。

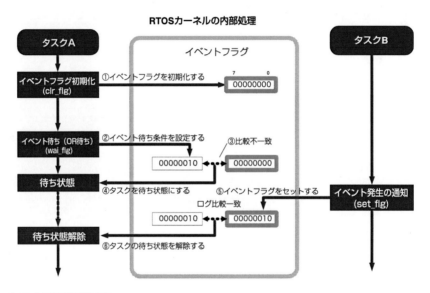

図1.13　イベントフラグの使い方

イベントフラグによる待ちと待ちの解除

1. タスク A はイベントフラグを指定して初期化する。
2. タスク A はシステムコールを発行し、イベントフラグでの待つ条件をリアルタイム OS に知らせる。
3. リアルタイム OS のカーネルは、現在のイベントフラグの状態と待ち条件を比較し、結果が一致していなければ、イベント待ちを要求したタスクを待ち状態にする。
4. タスク B がシステムコールを発行し、イベントの発生をリアルタイム OS に知らせる。
5. リアルタイム OS のカーネルは、イベントフラグと待ち条件を比較し、結果が一致していれば、タスク A を待ち状態から、実行可能状態へ移行させる。
6. リアルタイム OS のカーネルは、実行可能状態になっているタスクの中で一番優先度の高いタスクを実行状態にする。

　イベントフラグはビット単位でイベント発生の割り当てを指定できるため、イベントフラグに割り当てるイベントの分類をよく考えて行わないと、多数のタスクが種類の異なるイベントに対して同じイベントフラグをアクセスすることになり、タスク間の結合が強くなりすぎることがあるので注意が必要です（図1.14参照）。また、リアルタイム OS の初級者は同期の仕組みがわかりやすいイベントフラグを必要以上に多用する傾向があり、結果としてタスク間の結合が強くなることがあります。

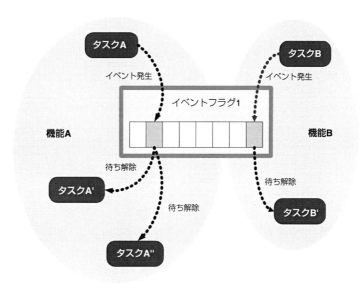

図1.14　イベントフラグによる機能結合

　例えば、図1.14のように1つのイベントフラグに対して、共通性のない複数のイベントをイベントフラグに割り当ててしまうと、そのイベントフラグを使っているタスクや割り込みハンドラ同士も関連がないのにイベントフラグを通じて結合が強くなってしまいます。片方の機能モジュール群を他のシステムに持っていきたいと思っても、イベントフラグを共用していると、イベントフラグを分割しなければなりません。イベントフラグを分割したらそれぞれのイベントフラグが正常に動作しているかテストする必要があります。複数のイベントの発生をシミュレーションテストすることは難しいため、このような無駄な作業が発生しないように、イベントフラグに割り当てるイベントは機能別に独立性の高い割り当てにしておくことが重要です。

　イベントフラグに割り当てられたイベントの独立性が高くても、アプリケーションとドライバが同じイベントフラグをアクセスしているとイベントフラグを介して強く結合し、相互に依存してしまっていると見ることもあります（図1.15の上参照）。

　このようなイベントフラグによる結合を解消したいと考える場合、図1.15の下のようにアプリケーションタスクが直接システムコールを呼ばず、ドライバ側に「イベントをクリアする」や「イベントを待つ」という関数を用意する方法があります。「イベントをクリアする」、「イベントを待つ」というドライバ内の関数の中で`clr_flg`や`wai_flg`のシステムコールを発行します。アプリケーションから「イベントを待つ」関数が呼ばれ、「イベントを待つ」関数の中で待ち状態となり、その後、イベント発生の割り込みから`set_flg`が発行されて待ちが解除され、アプリケーションタスクに主導権が戻ります。

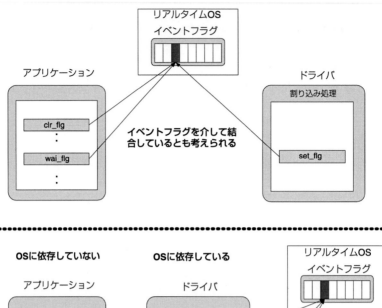

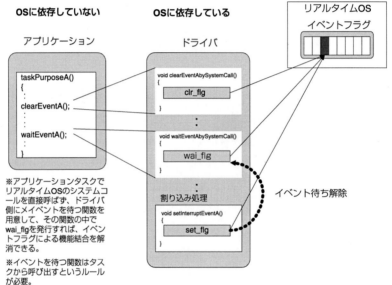

図1.15　イベントフラグによる結合の解消

セマフォ

　セマフォ（semaphore）とは手旗信号、鉄道などの腕木式信号機のことです。リアルタイム OS では有限な資源を管理するためのカウンタになります。複数のタスクが同一の資源を使うときに、資源の使用を排他制御するためにセマフォは使われます。

セマフォによる資源待ちと待ちの解除（図1.16参照）

1. リアルタイム OS の初期化時に、セマフォカウンタをあらかじめセットしておく（セマフォカウンタは資源の数を示し、通常は 1 を設定する）。
2. タスク A がシステムコールを発行し、リアルタイム OS に資源を要求する。
3. リアルタイム OS のカーネルはセマフォカウンタを 1 マイナスし、タスク A に資源を受け渡す（待ち状態にならないことが、資源を受け渡したことになる）。

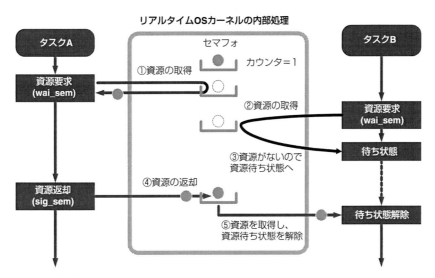

図1.16 セマフォの使い方

4. タスク B がシステムコールを発行し、リアルタイム OS に資源を要求する。

5. リアルタイム OS のカーネルはセマフォカウンタが 0 になっているので、タスク B を資源待ち状態に移行させる。

6. タスク A がシステムコールを発行し、資源を返却する。

7. リアルタイム OS のカーネルは資源が返却されたため、資源待ち状態だったタスク B の待ちを解除し、資源を受け渡したことにする。

　リアルタイム OS を利用する目的は、自タスクが他のタスクの動きを気にすることなく、自分の動作のみを一続きの流れとしてソースコードに記述することにありますが、タスク同士の独立性が高いためシステムに 1 つしかない資源を、複数のタスクが同時にアクセスしてしまうケースもあります。このようなときにはセマフォを使って資源にアクセスする間、資源を占有し同じ資源にアクセスしてきたタスクは待ち状態にしなければなりません。

　LCD（Liquid Crystal Display：液晶ディスプレイ）コントローラなどで文字や図形を表示しようとした際に、A:描画方法の指定、B:座標の設定、C:データの転送といった一連の動作を連続的に行わなければならないときがあります。このようなとき、動作の途中でイベントが発生し、別タスクで同様に文字や図形を描画しようとすると、タスクは一連の動作を順番に行っているつもりでも、LCD コントローラから見た場合、例えば A→B→（A→B→C）→C といったように、ルール通りの順番になっていないことがあります。これは、リアルタイム OS を使ったことで、タスクの独立性が高まり、疑似並行処理を実現したことで弊害が発生したと考えることもできます。このような場合はセマフォを使って、一連の動作を行う間資源を占有すれば問題を解決することができます。

　しかし、セマフォを使って資源を占有していると、後から資源を要求してきたタスクが現在資源を使っているタスクよりも優先度が高くても、資源が解放されるまで待たされることになります。（優先度の逆転現象）また、セマフォを使った資源の取得と返却を早いインターバル時間の間に頻繁に行っているとオーバーヘッドになり CPU のパフォーマンスを圧迫することがあります。このような場合は資源の使用方法を検討した上で、資源の占有する期間を調整し、システムコールの多発によるオーバーヘッドを減らします。

メッセージ

　メッセージを送る送り先のメールボックスは私書箱のようなものです。送り手はメールボックスの番号（私書箱の番号）を指定してメッセージを送ります。受け手はメッセージの送り手を特定することなくメールボックスを介してメッセージを受け取ることができます。

　メールボックスに送られるのはメッセージが実際に格納されているメモリ領域の先頭アドレスだけです。メッセージを受け取ったタスクは、メッセージに中にあるメッセージ本体のアドレスから、メッセージの内容が格納された領域を参照します。メールボックスを介して受け渡す情報はメッセージのアドレスだけなので、少ないオーバーヘッドでメッセージの伝達が可能になっています（図1.17 参照）。

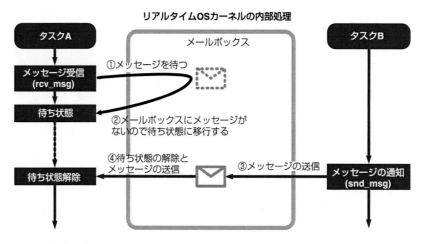

図1.17　メッセージの使い方

メールボックスによるメッセージ待ちと待ちの解除

1. タスク A がシステムコールを発行し、メールボックスを指定し、メッセージの受信をリアルタイム OS に要求する。
2. リアルタイム OS のカーネルは指定されたメールボックスにメッセージがないため、タスク A をメッセージ待ち状態にする。
3. タスク B がシステムコールを発行し、メールボックスにメッセージを送信する。
4. リアルタイム OS のカーネルはメールボックスにメッセージが届いたので、タスク A の待ち状態を解除し、メッセージをタスク A に受け渡す。

　1つのメールボックスに対してメッセージが届くとメッセージは待ち行列（queue：キュー）につながれます。前のメッセージに対する処理が終わっていなくても、待ち行列につながれているため順番にメッセージは処理されていきます。

　SCI（シリアルコミュニケーションインターフェース）を使って、非同期にデータを外部に送出したいときなどは、メールボックスとメッセージの仕組みを使うと便利です。SCI でデータを送出するためのドライバタスクはメッセージ受信のシステムコールを発行して、常にメッセージの受信待ち状態にしておきます。SCI にデータを送出したいタスクは、このメールボックスに対してメッセージとして送出したいデータの在処を送ります。メールボックスに対してメッセージが集中したとして

も、メールボックスはメッセージを待ち行列にしているため、ドライバタスクは順番にデータを SCI に送出し、メールボックスにメールがなくなるまで送出の処理を続けることができます。これにより、SCI にデータを送出したいタスクは、SCI のハードウェア的な特性や、ドライバタスクのことを考慮することなく、SCI のデータ送信用に割り当てたメールボックスにメッセージを送ることだけを考えればよいことになります（図 1.18 参照）。

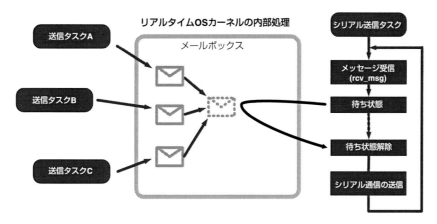

図1.18　メッセージ使用例

時間待ち

　リアルタイム OS を使ってある一定時間自タスクを待ち状態にするためには、あらかじめリアルタイム OS が用意したタイマー割り込みハンドラをユーザーがタイマー割り込みを使って周期的に呼ぶ設定をしておく必要があります。自タスクを待ち状態にするときには、絶対時間を指定するのではなく、設定した周期を何回待つかというカウンタを指定することで待ち時間を決めることになります。

待ち時間（100ms）=設定した周期（2ms）×カウンタ（50）

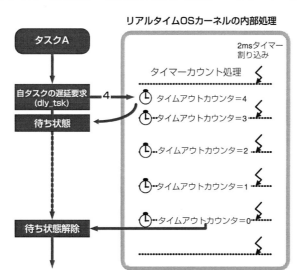

図1.19　時間待ちの仕組み

　OS のタイマー割り込みハンドラを呼ぶ周期を短くすると、ハンドラのプログラムが走るぶんオーバーヘッドが大きくなります。一方、タイマー割り込みハンドラの周期を長くすると待ち時間を作るときの分解能が粗くなってしまいます。OS で使うタイマー割り込みの発生周期は待ち時間を作る際の最小分解能を意識し、無意味に短くしないようにします。例えば、時間待ちに必要な時間待ちの最小分解能が 10ms でよいのに、OS のタイマー割り込みハンドラの周期を 1ms にするのは無駄にオーバーヘッドを大きくしています。

　時間待ちの最小分解能よりも細かい時間で待ちを作りたい場合や、定常的に短い周期でタイマー割り込みを使う必要があり、その他に分解能の細かい時間待ちが必要ない場合は、無理にリアルタイム OS のタスクで時間待ちを作るのではなく、OS が介在しない割り込みハンドラの中で処理を完結させてしまった方が得策です。システムの中で 1ms と 100ms と 200ms と 500ms の定周期処理があった場合、1ms の定周期処理は割り込みハンドラで行い、リアルタイム OS の定周期分解能の設定は 100ms として 100ms、200ms、500ms の処理はタスクで実施します。

　μITRON などコンパクトなリアルタイム OS の特長は、CPU や CPU 周辺デバイスの能力を最大限に発揮させるため OS の介入を最小限にするという、パフォーマンス重視の弱い標準で仕様が策定されているという点です。このような設計コンセプトは、低いクロック周波数で安価な CPU を使いシステムを構成したいときに有利です。しかし、逆にこの弱い標準のため、同じ μITRON 仕様の OS を使っていても、CPU が変わるとミドルウェアと呼ばれるドライバ寄りのアプリケーションソフトの互換性がなくなることがあります。

リアルタイムOSによる時間待ちの方法

1. タスク A が自タスクを待ち状態に移行するため、システムコールを発行しタイムアウトのカウンタを指定する[1]。
2. リアルタイム OS のカーネルは、あらかじめ設定されたタイマー割り込みの周期でタイムアウトのカウンタをカウントダウンする。
3. リアルタイム OS のカーネルは、タイムアウトのカウンタが 0 になったら、待ち状態になっているタスク A を実行待ち状態に移行させる。

　リアルタイム OS による時間待ちで注意したいのは、時間待ちを要求してから、OS が使用しているタイマー割り込みが発生するまでの時間が時間待ちの誤差になるという点です。したがって、正確な時間間隔で短い周期のインターバルを作り出したいときは、別の方法を取る必要があります。

　定周期で起動されるドライバタスクの処理時間が一定で周期インターバルの長さに対して短い場合は、定周期ドライバタスクはイベント待ち状態にしておいて、タイマー割り込みハンドラの先頭でイベントフラグをセットしてあげることで、正確な周期で定周期ドライバタスクを立ち上げることができます。このとき、定周期ドライバタスクの優先度は他のタスクよりも高くしておきます。

　定周期ドライバタスクの処理時間が一定でなく、状況によって処理が長引くことがある場合は工夫が必要です。タイマー割り込みハンドラから単純に定周期ドライバを起動するだけにしておくと、定周期ドライバタスクの処理が長引いていて、次の周期でタスクを起動しようとしても、該当するタスクがまだ動いているのでシステムコールはエラーとなり定周期ドライバタスクは起動されず、1回処理が抜けてしまいます。イベントフラグを使っても同じように、処理が遅れるとイベントが発生

1　時間待ちを実現するためのシステムコールは tslp_tsk（タイムアウト付き起床待ち）、dly_tsk（自タスクの遅延）の 2 つがあります。

しイベントフラグがすでに立った後に、イベントフラグがクリアされイベント待ちとなり、定周期の処理が1回抜けてしまいます（図1.20の中段参照）。

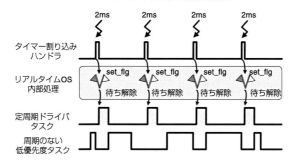

定周期ドライバタスクの処理時間が一定で短いとき イベントフラグを使った場合

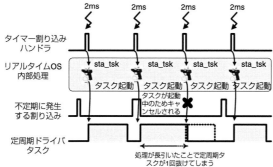

定周期ドライバタスクの処理時間が一定でないとき 毎回該当タスクを起動する場合

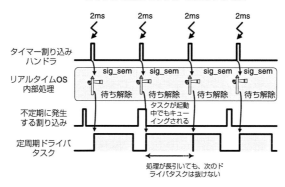

セマフォを使ってタスクを起動する場合

図1.20　定周期起動タスクの例

このような場合、セマフォを使うと便利です（図1.20の下段参照）。定周期ドライバは常に資源待ちの状態にしておき、タイマー割り込みハンドラで資源を返却してあげれば、もし、タイマー割り込みハンドラの処理が長引いたとしても、待ち解除によるタスク起動は待ち行列になっているため、前回の処理が終わった後に続けて定周期の処理を実行することができます。この方法では、きっちり2msおきに処理を起動する保証は得られませんが、予期せぬ割り込み処理が入ったり、定周期ドライバよりも優先度の高いタスクや定周期ドライバ自身の処理がまれに長引いたりしたときに、処理

の抜けを発生させたくない場合に有効です。アナログ信号を A/D 変換処理するとき、タイマー割り込みハンドラで A/D 変換器の起動をし、定周期ドライバタスクでフィルタリング処理や 2 次データ処理を行うときなど、データ処理の抜けを防ぐためにセマフォを使った定周期ドライバタスクの起動が役に立つでしょう。

1-5　リアルタイムOSを使ったサーマルプリンタの制御

組田■佐藤君、サーマルヘッドにデータを転送するところで、2ms のタイミングを作るのにシステムコールは何を使っている？

佐藤■カウンタを 1 にして dly_tsk()で発行してます。リアルタイム OS のタイマー割り込みのタイミングは 2ms にしているので、それで合っていると思いますけど・・・

組田■佐藤君、dly_tsk()だと、システムコールを発行してから、次にリアルタイム OS が使っているタイマー割り込みが入るまでの時間が加算されちゃうから正確に 2ms のインターバルを作り出せないんだよ（図 1.19 参照）。それと、サーマルヘッドへのデータ転送と抵抗発熱体にストローブを行うタスクの優先度を高くしていないだろ。このタスクは正確性が要求されていて、頻度が高いから優先度は一番高くしておかないと、他のタスクが動いているとラインが抜けてしまうぞ。だから、図 1.21 のようになってしまうんだよ。

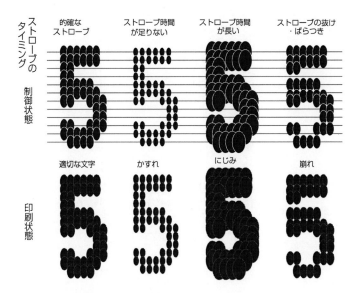

図1.21　サーマルプリント出力の成功例・失敗の「崩れ」

　　この場合データ転送、ストローブのタスクは優先度を高くして、イベント待ちのループにしておき、2ms のタイマー割り込みハンドラから、イベントフラグを立ててあげるのがいいかもしれないな。

　　以前、立花先輩とサーマルプリンタ印刷について検討したときの処理の流れ図がかるから見てご覧よ。

佐藤■なるほど、処理の流れを図に書くとわかりやすいですね。

レシート印刷の手順

1. レジの合計キーが押されレシート印刷の起動が要求されたことを印刷マネージメントタスクが受け取る。

2. 印刷マネージメントタスクがモーターをスタートする。

3. 印刷マネージメントタスクがラインデータ転送タスクを起動する。

4. 印刷マネージメントタスクがデータ転送・ストローブタスクを起動する。

5. ラインデータ転送タスクから印刷マネージメントタスクが印刷するデータの展開タイミングを受けとる。

6. 印刷マネージメントタスクが印刷すべき情報をブロックごとにビット並び列に変換する。

7. ラインデータ転送タスクが展開された印刷対象データの該当するラインデータを取り出す。

8. ラインデータ転送タスクがラインデータを、次のタイミングで転送するバッファに転送する。

9. 2ms のタイマー割り込みが発生し、割り込みハンドラがイベントを発行し、イベント待ちになっていたデータ転送・ストローブタスクが実行状態になる。ラインデータとして確定している側のバッファデータをサーマルヘッドに DMA（Direct Memory Access）転送する。DMA 転送している間は、自タスクを待ち状態にし、ラインデータ転送タスクに処理を切り替える。

10. DMA 転送の終了割り込みが入り、割り込みハンドラがイベントを発行し、イベント待ちになっていたデータ転送・ストローブタスクの待ち状態が解除され、サーミスタのデータをA/D 変換して、サーミスタの温度によって定めたストローブ時間だけ、サーマルヘッドの発熱抵抗体に電流を流す。ストローブ中はワンチップマイコン内のタイマーとタイムアウトの割り込みとイベントフラグを使って待ち状態を作る。この間、処理はラインデータ転送タスクに移る。

11. ストローブ時間のタイムアウトの割り込みが入り割り込みハンドラからイベントを発行し、データ転送・ストローブタスクがストローブを止める。

12. ラインデータ転送タスクは次の 2ms のタイミングがくるまでに、ラインデータをラインデータ格納用バッファに転送しておく。

コラム――組込みの制約条件とアーキテクチャの選択

　図1.22のレシート印刷の手順ではデータ転送・ストローブタスクと、ラインデータ転送タスクの2つタスクが使われていました。データ転送・ストローブタスクはサーマルプリントを行う際に必ず必要となるタスクであり、リアルタイム要求の強いタスクです。一方、ラインデータ転送タスクは印刷対象となる店舗名ロゴなどの画像データや文字列をラインデータのバッファに転送するために用意されたタスクです。ラインデータ転送タスクはデータ転送・ストローブタスクと違って、サーマルプリントを行う際に必須のタスクではありません。なぜなら、前提条件として十分な容量のRAMが組込みシステムに搭載されており、レシート印刷するデータを一度にビットマップデータに展開できるのなら印刷データを少しずつ展開して小出しにデータ転送する必要はないからです。画像も文字列のすべてのレシートデータをメモリ上に展開しておいて、データ転送・ストローブタスクがラインデータを次々に読み出しレシートの印刷が終わったら止めるという方式をとれば、ラインデータ転送タスクは必要なくなります。

　しかし、特にコストダウンが求められるローエンドの組込み機器においては、RAM の削減も求められ

ることが多いため、できるだけ少ない資源で要求された機能を実現することが求められます。組込みソフト開発ではこのような制約条件をクリアしながら要求された機能を実現しなければいけない場面が多く、省資源における機能実現についての技術や経験が組込みソフトエンジニアに求められています。

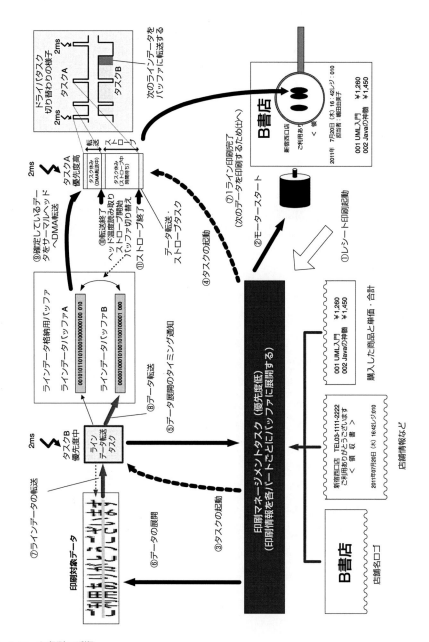

図1.22　レシート印刷の手順

　リアルタイム OS を使いデータ転送・ストローブ（ドライバ）タスクを記述すると、以下のようなソースリストの流れになります。

```
void task_DataTransferStrobe()
{
    while ( true ) {
        // 2msのタイミングイベント待ち
        wai_flg(------);                    // 2msのタイミングイベントを待つ
        // データのDMA転送開始

        ■■DMA転送をスタートする■■
        wai_flg(------);                    // DMA転送の終了イベントを待つ
        // ストローブ開始

        ■■発熱抵抗体に電流を流す■■
        ■■タイムアウトを設定し、タイマーをスタートさせる■■

        wai_flg(------);                    // タイムアウトイベントを待つ

        ■■発熱抵抗体に流していた電流を止める■■
    }
}
```

　このプログラムの流れを見ると、図 1.22 で示したタスク A（データ転送・ストローブタスク）の処理の流れと同じように記述できていることがわかります。データ転送・ストローブタスクが待ちに入っている間他のタスクがどのように動いているのかはデータ転送・ストローブタスクは感知する必要がなく、タスクの優先度さえ適切に設定されていれば、データ転送・ストローブタスクも、ラインデータ転送タスクも独立した CPU で動いているかのようにプログラムを記述することができます。

　データ転送・ストローブタスクは、イベントフラグを通じて割り込みハンドラと結合していますが、ラインデータ転送タスクとはラインデータバッファでしか関係を持っておらずタスク間の同期はリアルタイム OS が調停しているため、タスク間で直接タイミングを取り合う必要がありません。

　リアルタイム OS を使って、タスク分割する最大のメリットは、このように同期・通信・時間待ちとタスク優先度のよる調停をすべてリアルタイム OS に任せることで、タスク自体の記述をシンプルにし、タスク自体の機能モジュールとしての独立性を高めることにあります。

佐藤■組田さん、ありがとうございました。実際に、自分で試行錯誤してレシート印刷するタスクを
　　　作ってから、問題点を教えてもらったのでどこがまずいのかがよくわかりました。
組田■リアルタイム OS を正しく使いこなすことができればハードルを 1 つ越えたことになるよ。

1-6　リアルタイム要求・ハードウェア依存に基づくソフトウェア分割指針

　レシート印刷のドライバタスクの設計を通じて、リアルタイム要求の強いソフトウェアモジュールの分割について考えてきました。ここでもう一度リアルタイム OS を使って組込みソフトウェアを分割する意義について整理してみたいと思います。

　組込みソフトウェアは、CPU と CPU 周辺デバイスを利用して求められている機能と性能を実現します。要求を満たすためのアプローチはいくつかの方法がありますが、ひとりの組込みソフトエンジニアが頭の中で考えたことをソースコードにして動くようにするというアプローチを繰り返す

と、ソフトウェアが 1 つのメインループと複数の割り込みハンドラという構造になることがあります。このような作り方をするといろいろな問題が発生します。

いろいろな問題

すべての機能がメインループの中で絡み合っているということが原因で以下のような問題が発生します。

1. プログラムを作った本人しか追加・修正できない。
2. 不具合が発覚したときにどこを直せばいいのかわかりにくい。
3. そもそもテストしにくいためバグが多く、品質が悪い。
4. 機能に分解できないので再利用できない。
5. ハードウェアが変更されたときに直すべきところが見つけにくい。
6. CPU が変わったら全部捨てるしかない。

これらの問題の中で、「ハードウェアが変更されたときに直すべきところが見つけにくい」、「CPUが変わったら全部捨てるしかない」という問題に対しては、プログラムをハードウェアに依存するドライバとハードウェアに依存しないアプリケーションに分けることで解消することができます。図1.23 にあるように、ソフトウェアをハードウェアの依存の強さによって、低レベルドライバ、高レベルドライバ、アプリケーションの 3 つに分割し、ファイル名の先頭に識別子をつけておくとソースファイルをリスト表示したときに一目で分類を確認することができます。例えば低レベルドライバは「Dl」、高レベルドライバは「Dh」、アプリケーションは「Ap」とし、ファイルネームの先頭が「Dl」ならば、CPU に依存したドライバ、「Dh」ならばハードウェアに依存したドライバとしておけば、ハードウェアや CPU が変更になったときに修正すべきソースファイルが明確になり、ファイルネームの先頭が「Ap」となっているソースファイルは変更しなくて済みます。このようなソフトウェアの分割ルールをプロジェクトの中で決めておくと自然にこれから作るプログラムはドライバかアプリケーションかという判断をするようになり、ソフトウェアの再利用性や品質が向上しメインテナンスしやすくなります。

図1.23　ドライバとアプリケーションのファイル名による分類

　ドライバとアプリケーションの分離は、ハードウェアの依存と非依存の区分けの他に、リアルタイム性の強さ優先度の高さの区分けにもつながっています。リアルタイム OS やハードウェアの依存の関係を図に表すと図 1.24 のようになります。

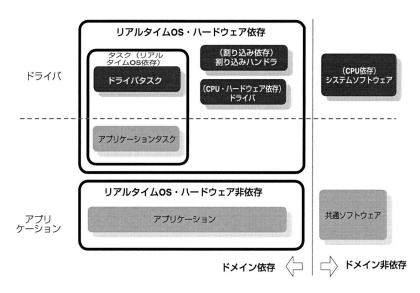

図1.24　ハンドラ・ドライバ・アプリケーションの依存関係

　割り込みハンドラはリアルタイム要求が非常に強く割り込み処理に依存しており、ドメイン（該当する組込み製品の仕様）に依存しています。ドライバタスク、アプリケーションタスクはリアルタイム OS に依存しており、リアルタイム性の要求があります。リアルタイム OS には依存していないものの CPU やハードウェアに依存し、ドメインに関係の深いドライバもあります。CPU に依存しているシステムソフトウェアと共通ソフトウェアはドメインに依存していないため他の製品でも利用が可能です。

　リアルタイム OS に依存していないアプリケーションソフトウェアはハードウェアにもリアルタイム OS にも影響を受けないので再利用性の高いソフトウェアモジュールです。リアルタイム要求・ハードウェア依存に基づくソフトウェア分割は、図 1.24 のような視点を持って実施することが重要です。

　また、アプリケーションタスクは同期や通信、待ち合わせといった時間的な分割が発生してもリアルタイム OS のシステムコールを記述することで、プログラムを一続きの流れで書くことができます。リアルタイム OS がない時代は同期や通信、時間待ちの制御が入る度に割り込み処理を新たに作ったり、状態遷移を管理して状態によって処理を振り分けたりしてソースコードを別なブロックとして書かなければなりませんでした。しかし、リアルタイム OS が登場したことでリアルタイム要求の強い機能をひと続きのプログラムとして記述することが可能となり、リアルタイム性の高いプログラムも機能的に独立したモジュールとしてまとめることができるようになりました。

コラム割り込み処理の入り口とドライバの関係の例

　割り込み処理の優先度は一度設定しても、新たな割り込み処理が追加されるたびにシステム全体で
総合的に調整しなければなりません。また、割り込みのベクターテーブル[1]には、割り込み処理の先
頭アドレスを登録する必要があります。

　しかし、割り込みの優先度などを調整するためにソースファイルとして登録したドライバを毎回変
更することは避けたいものです。

　そこで、コラム図1.1ではベクターテーブルの定義を格納したファイルに、割り込みレベルの設定
と、割り込みハンドラの入り口関数を並べて、割り込みハンドラの入り口関数から、機能分割された
ドライバファイル内の割り込み処理の中身が書かれた関数を呼び出すようにしています。

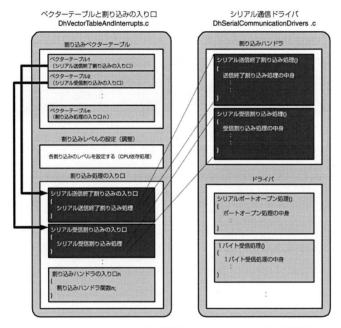

コラム図1.1　割り込み処理の入り口とドライバの関係例

　ドライバは機能的に分割しソースファイルを別々に分けることができますが、割り込みハンドラは
ベクターテーブルで必ず結合してしまうため、総合的に調整が必要な割り込みレベル設定と、割り込
み用のスタックポイントを指定したりする割り込みの入り口関数群をベクターテーブルの定義ファイ
ルに含めておきます。ドライバの機能を独立させておきたいという要求と、割り込みの優先度などを
システム全体で総合的に調整したいという要求は背反しており、この独立性をと総合調整という2つ
の要求のバランスとるにはこのような構成が有効です。

　こうすることで、ドライバを他のシステムに移植してもドライバファイルをさわることなく、ベク
ターテーブルと割り込みの入り口ファイルの変更だけで割り込みレベルなどの統合調整ができるように
なります。

1　ベクターテーブル：割り込み要因が発生したときにジャンプする割り込み処理アドレスのテーブル。CPUによって配置が違
　うが多くはメモリの最上部に配置されます

　組込みソフト開発では、図 1.24 の関係のように、ハンドラや、ドライバ、アプリケーションモジュールが何に依存が強いかをよく考え、できるだけハードウェアやリアルタイム OS への依存が小さくなるような方向にモジュール分割と割り当てを行っていくことが作成したモジュールの寿命を延ばすことに役立ちます。組込みソフト開発では、従来機種のソフトウェアの一部を変更し、機能を追加することで新しい製品を開発することが多いため、モジュールをハードウェアやリアルタイム OS への依存が強いものと弱いものに分けておけば、ハードウェア部品の変更や機能追加などに有利です。CPU やハードウェアが変更になったときは、ハンドラやドライバレベルの修正で対応することができ、リアルタイム OS の乗り換え等があったときは、ドライバタスクやアプリケーションタスクの変更で対応することができます。

　したがって、組込みソフトウェアシステムを構成するモジュールは、システムが求められている機能、性能を満たせるのなら、ハンドラよりドライバ、ドライバよりアプリケーションである方が、ソフトウェアの再利用性を向上させるのに有利に働きます。しかし、ハンドラよりドライバ、ドライバよりアプリケーションというモジュール構成を進め汎用性の高いモジュールの作成を意識すると再利用性が高くなる一方で CPU パフォーマンスを圧迫する方向に向かいます。CPU パフォーマンスをオーバーしないようにしながら、汎用性の高いモジュール分割ができるかどうかは、組込みソフトエンジニアがシステムに要求される機能と性能を正確に分析し、これまでの実装してきた機能の機能別 CPU パフォーマンスの値を考慮しながら判断します。

コラム――CPUパフォーマンスの計測のしかた

　CPUのパフォーマンスとはどのように計るとよいのでしょうか。よく、CPUのパフォーマンスが100%を超える、超えないという議論をしますが、100%を超えるとどのようなってしまうのでしょうか。

　リアルタイムOSを使っている場合、リアルタイム制約があり優先度を高めた定常処理がCPUを占有し続けてしまった場合、パフォーマンスは100%となり他に処理を行う余裕がなくなってしまいます。これはシステムが破綻している状態です。

　しかし、定常処理だけでCPUを占有していることはほとんどなく、たいていは一定時間あたりに空き時間があります。インターバル時間はシステムによってまちまちです。2msの場合もあれば、10msや1秒の場合もあるでしょう。ユーザーのボタン操作など割り込みイベントが発生した場合、タスクが起動され空き時間の中で処理が行われます。起動されたタスクは時間制約のあるタスクよりは優先度が低いため優先度の高いタスクの空き時間で処理が実行されます。処理が1回の空き時間の中で終わらないときは、2回目、3回目の空き時間を使って続きの処理が行われます。このときのタスクスイッチングはリアルタイムOSが勝手に行ってくれるため、アプリケーションタスクはこの切り替えについて考慮する必要がありません。リアルタイム処理の合間に、このようなスループット要求の処理が入っている間は、CPUはフルに使われておりCPUパフォーマンスは100%となります。しかし、この場合はシステムは破綻しているとは言いません。明確な時間制約のある処理が優先的に実施される状態が続いている限りは、スループット要求の処理が後回しにされてもシステムが破綻していることにはならないのです。

　ただし、スループット要求の処理であっても遅らせていい限界はあります。例えば、オペレータが何らかのアクションを行った結果、組込み機器が画面を変化させたり動作を開始しなければいけないような場合です。人間は機器が素早く反応してくれることに満足感を覚えます。逆に言えば反応が遅いと不快感を与えてしまうとうことです。したがって、画面を切り替えたり、音を鳴らしたりすると

きには、ボタンを押してから遅くとも500ms以内には反応したいものです。定常的に動いているタスクのCPU占有率が高く、隙間があまり空いていないと不定期な処理に十分なCPUタイムを割り付けることができず、画面の切り替えに時間がかかる場合があります。その遅れ具合も我慢できる程度がありますが、1秒もかかっていては商品としての品質を問われてしまうでしょう。

　このような定期処理と不定期な処理のバランスは機器によっても異なり、タスクが総合的に動いていないとCPUのパフォーマンスは計りにくいと言えます。機能別に定期処理の実行時間をシミュレータで計算しておくと正確なパフォーマンスを計ることができますが、直感的にCPUパフォーマンスを知りたいなら、CPUの出力ポートをHigh（+5V）にしたりLow（0V）にしたりして、この出力ポートの電圧を電圧計やオシロスコープで眺めるという方法もあります。

　具体的には、優先順位の最も低いタスクを無限ループで動かしておき、出力ポートを常に　Lowにするようなアイドリング処理を入れておきます。そして、すべての割り込みハンドラの先頭で出力ポートをHighにするような処理を一時的に入れておきます。イベントが発生し割り込みが起こると、ポートはHighになり優先順位の高いタスクが終了し、優先順位の最も低いアイドリングタスクに処理が渡るまでポートはHighを維持し続けますから、オシロスコープで見ている平均電圧がそのときのCPUパフォーマンスの平均値を表すことになります。ポート出力が5Vで、平均電圧が4Vだったら、CPUパフォーマンスの平均値は80%で、3Vだったら60%ということになります。スループット要求の処理でCPUを占有し続けると電圧は5Vになり続けるはずです。

　この電圧監視環境を用意しておき、定期的な処理をON/OFFしながら、パフォーマンスを計測していくと、どの機能がどれくらいのCPUパフォーマンスを消費しているのか直感的に把握することができます。1つ1つの機能がON/OFFできないのは、機能的独立性を高めることに失敗していることを意味しますので、システムの構成を見直す必要があります。

　すべての定期処理を動かした状態でポート出力の最大電圧から定期処理の電圧を引いたぶんが、スループット要求の処理に割り付けることのできる CPU パフォーマンスということになります。この割合が 10% を切っているようだと、ユーザーイベントに対して早い反応ができない場合があるため、定期処理のスリム化や、CPU 外部のハードウェアに処理を移行することを検討しなければならないでしょう。

　組込みソフトシステムを適切に分割することで、ひとかたまりだったプログラムは目的を持ったグループに分類され、これによって次のようなメリットが生まれます。

解決された問題

1.　プログラムを作った本人以外でも追加・修正ができる。
2.　不具合が発覚したときにどこを直せばいいのかわかる。
3.　機能的に独立しているのでテストしやすく品質が良い。
4.　機能に分解されているので再利用しやすい。
5.　ハードウェアが変更されたときに直すべきところが明確になる。
6.　CPUが変わっても最小の変更で対応できる。

　もちろん、このような分割を実現できるようになるには、組込みシステムに求められた機能や性能が事前に十分分析されている必要があります。しかし、ソフトウェアモジュールをルールに沿って分類し、機能的に独立させ、プロジェクトメンバー間でレビューするという作業を繰り返していけば、システムの分析力は徐々に向上していきます。

　全く初めて実装する機能で、求められたリアルタイム性能が満たせるかどうかわからないとき

は、要素検討の工程で試行錯誤的なアプローチをとることはあるかもしれません。しかし、このようなときでもデバッグの終わったモジュールの構造をプロジェクトメンバー間でディスカッションし洗練するというステップを踏まないと、いろいろな問題を残したままソフトウェアがリリースされてしまうことになります。

　システムに求められた機能や性能を分析し、理論やルールに基づいたモジュール分割を行うことが組込みソフトエンジニアに求められているのです。

1-7　システム構造のパラダイムシフト[1]

　組込み機器は同じ市場に商品を投入し続けることが多いため、ソフトウェアの内部構造を大きく変えるタイミングを作りにくいという問題を抱えています。新しい商品開発で、過去のソフトウェア資産を使わずゼロから作るという機会があれば、ソフトウェアの構造やアーキテクチャを一新することもできますが、組込みの場合は過去の資産を全く使わないというケースはほとんどありません。

　そうなると過去の資産を利用して少しでも楽をしたいという気持ちから、システムの構造を一新（パラダイムシフト）することができないケースがあります。このような考え方でパラダイムシフトのタイミングを逸すると、20年前とシステムの構造が大して変わらないという状態になりかねません。

　図1.25をご覧下さい。上のメインループと割り込み処理、グローバル変数という組み合わせで実現していたシステムは、下のように状態遷移管理[2]と割り込み処理、アプリケーションソフト、ドライバという構成にシフトすることで機能的な独立性がやや向上しています。しかし、機能と状態遷移管理に重なりがあるため、完全に機能が独立していません。したがって、図の上から下の移行はシステム構造のパラダイムシフトになっていません。

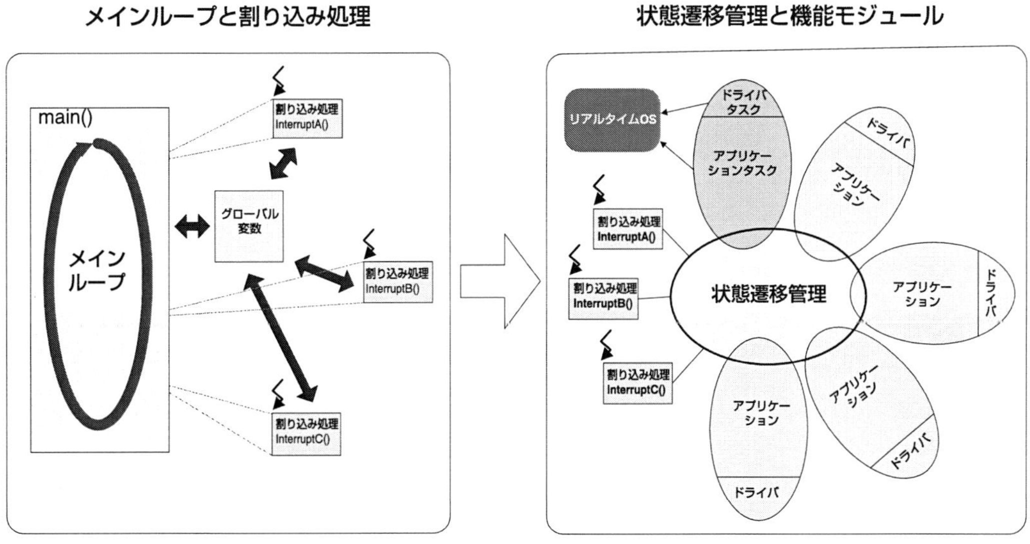

メインループと割り込み処理　　　　　　　　　　**状態遷移管理と機能モジュール**

図1.25　メインループから状態遷移マシンへ

1　パラダイム：その時代の支配的考え方を反映している認識や方法論のこと。
2　状態遷移管理：システムや特定の事象の状態を管理し、イベントが発生し状態が変化したら管理している状態の番号を切り替え特定の処理を行うという方法。状態遷移表や状態遷移図をあらかじめ作成して分析を行ってからプログラムを実装します。ロジックがわかりやすいため組込みシステムでよく利用されます。

　図 1.26 の左を見ると、度重なる機能の追加によって状態遷移管理部が図 1.25 の右図よりも肥大化しています。結局、メインループの中身を状態遷移管理と機能モジュールに表面的に置き換えただけで、状態遷移管理と機能が完全に独立できていないため、中央集権的システム支配者である状態遷移管理者を介して機能モジュールが結合しており、機能追加するたびに、既存の機能モジュールに影響を与えないかどうかを気にしないといけません。

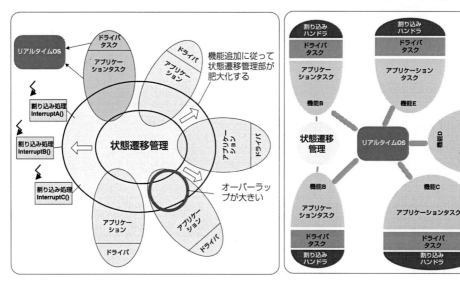

図1.26　状態遷移マシンとリアルタイム独立設計の違い

　一方、図 1.26 の右のシステムは機能モジュールが独立し、それぞれの機能は自立走行できるようになっています。もちろん、状態遷移管理を利用した方がよい機能モジュールもありますが、状態遷移と機能モジュールの独立性が高く状態遷移と機能モジュールの結合度は最小限になっています[1]。また、それぞれの機能はリアルタイム OS を利用しながら、割り込みハンドラ、ドライバタスク、アプリケーションタスクといった階層構造で実現しており、機能的な独立性が高くなっています。機器への仕様変更や追加に対して、該当する機能モジュールの割り込みハンドラ、ドライバ、アプリケーションの階層のいずれかだけを変更すればよく、1 つの機能の変更は他の機能に影響を与えません。

　図 1.26 の左のシステムもハードウェアの入れ替えに対してはドライバの修正だけですみますが、アプリケーションに関わる修正は状態遷移管理にも変更が及ぶため、修正が他の機能へ影響がないことを確認しなければなりません。

　下のシステムでは、アプリケーションの修正は他の機能モジュールには影響を与えることがなく、機能追加は独立した機能モジュールを新たに作成すればよいことになります。機能モジュール同士の同期や通信は、リアルタイム OS の機能を使いモジュール間の結合も最小限のインターフェースにして結合度を弱くしています。

　ソフトウェアシステムの構造は組込み機器の外からは見えず、顧客満足度にも直接影響を与えないため、組込みソフトエンジニアは大きな構造の変更をいやがります。これは、組込みソフトエンジ

1　状態遷移の使い方：機能分割したモジュールの中において、状態遷移を中心に考えることで処理の流れがわかりやすくなることはよくあります。

ニアが、開発日程の締め付けから直近の開発をできるだけ早く終わらせるには、今あるシステム構造はそのままにして、変更のある部分だけに手を入れるのが最善だと考えているからです。しかし、このロジックは図 1.26 の左のシステムのような場合、中央コントロール部が肥大化し結局は総合的な機能検証の時点での複雑なバグに結びつき、そのバグの修正が他の機能に影響を与えるという悪循環を生み出します。

　この悪循環を抜け出し、好循環のステージにシフトするためには、機能的独立のパラダイムシフトを実施するしかありません。好循環のステージとは機能の変更が与える影響を最小限にし、機能の追加に対しては資源の制約が許されれば他の機能モジュールへの影響を心配することなく安心して設計に専念できるという状態です。規模がそれほど大きくない組込みシステムではこの段階でもリアルタイム性能を満たし、モジュールの機能的独立を実現し、時間的分割のハードルを越えることができたと言えます。

　ただし、実際にこのようなシステム構造のパラダイムシフトを実現させるためには技術者の考え方のパラダイムシフトとスキルアップが必要であり、システムの再構築には通常の開発期間よりも多くの時間を必要とします。直接商品の顧客満足に影響を与えることがないという理由でプロダクトマネージャが実施の許可をしない場合もあるでしょう。しかし、機能的独立性を高めるためのシステム構造の変更は、商品の顧客満足に影響を与えないわけではありません。機能的独立性の低いソフトウェアシステムは、機能単体のテストできず機能を結合した状態でないと検証ができません。機能を結合した状態で発見されたバグは修正しにくく、取り除くために時間もかかります。したがって、商品のリリースは最終段階になって遅れるという状況になりがちです。また、商品のリリース後に不具合が発見され、リコールに発展することもあるでしょう。機能的独立性を高めるためのシステム構造の変更は、ソフトウェアの信頼性を向上させ、2 回目以降の商品開発からは開発期間を短縮させることができます。この事実を客観的に示すためには、まず、現在のソフトウェアシステムの構造と変更したあとの構造を可視化することと、構造を変更する前と後でどれくらいソフトウェアの信頼性が向上したのか、開発のどの部分にどれだけ時間がかかったのかを客観的なデータをもって示すことが必要となります。

　組込みシステムにおける機能的独立性を高める技術は組込みソフトエンジニア個人にとって、自分の追い込まれた状況を改善し、余裕を持ってクリエイティブな仕事ができるようになるためのパスポートです。この技術を習得することができなければ、一生ソフトウェアを修正、追加修正するたびに過去のプログラムを読み、過去のプログラムと絡み合ったバグに悩まされることになるでしょう。読まなければいけない過去のプログラムを作った技術者が近くにいる場合はまだましです。プログラムの作者が十分なコメントや設計資料も残さずに去ってしまった場合は絡み合ったバグの原因を追及する余計な仕事が増え徹夜を余儀なくされるかもしれません。

　ソフトウェア開発ではプロジェクトが火を噴いたときに人を投入すると、人を投入しなかったときよりも開発が遅れることもよくあります。組込みソフトエンジニア自身が楽になるためには、時間的な制約をクリアし機能的独立性を高める技術が必要なのです。

第2章

機能分割のハードルを越える

2-0　本章で学ぶ技術とその技術が必要になった背景

　今、私たちが扱う情報の多くがアナログからデジタルへと変わりつつあります。音楽や映像、写真などパーソナルユースに使われる媒体だけでなく、これまで紙に印刷することで可視化されていたドキュメントや、電話の音声なども 0 と 1 のデジタルデータに変わっています。デジタル化されたデータは、アナログデータのように時間とともに劣化することがなく、圧縮、拡張が可能で、加工しやすいことからあっという間に私たちの生活の中に浸透していきました。

　情報のデジタル化が進んだ要因としてデータをストレージするデバイスの大容量・低価格化、情報インフラとしてのインターネットの普及などが挙げられます。また、デジタルデータを処理するマイクロプロセッサの高性能化も要因の 1 つです。画像圧縮などのデジタルデータ加工は DSP（Digital Signal Processor）や FPGA（Field Programmable Gate Array）といった専用の IC で処理されることもありますが、組込み機器に搭載されている汎用的な CPU を使ってデータを処理することもあります。

　また、組込み機器がネットワークに接続され、他の組込み機器や情報機器と通信するような状況も増えています。第 1 章で組込み機器に求められるリアルタイム性について紹介しましたが、デジタルデータの加工やネットワーク対応といった要求は、これまで組込みソフトでの実現してきたリアルタイム処理とは求められている性質が異なっています。リアルタイム処理で求められていたのは、イベントに対する応答時間の保証と、優先度の高い処理が終わるまで CPU を占有させることでした。デジタルデータの加工やネットワーク対応に要求されるのは、イベントへの応答や優先性ではなく、スループット（一定時間内に処理される情報量）の要求です。この一定時間というのは、厳密に何十ミリ秒といった絶対時間ではなく、できるだけ早いほうが良いという許容範囲の広い時間です。例えば、電子レジスターにおける売り上げデータの送出という仕事は数十マイクロ秒や数十ミリ秒といった応答は求められていません。このような要求は絶対的な時間制限があるリアルタイム処理とは異なる要求です。スループット要求の処理に適している非リアルタイムのマルチタスク処理は、もともとパソコンが得意としていた分野です。そして、ユビキタス社会に対応していかなければならない未来の組込みソフトウェアシステムとしては、リアルタイム性能を維持したまま、スループットが

要求されるデータ処理もこなしていかなければなりません。

　組込みシステムにとっては、アナログからデジタルへの変化が処理量とソフトウェアの規模を増大させる第一の波でした。ユビキタス社会の到来はさらなるソフトウェア規模増大のきっかけとなる第二の波となります。

　リアルタイム要求とスループット要求のバランスについてよく理解しないソフトウェアエンジニアがシステムを設計すると要求を両立できません。パソコンのアプリケーションソフトのようにスループット要求に最適化された設計手法を使って設計を進めた結果、リアルタイム要求をクリアできず、せっかく構築してきた構造を崩さなければいけないケースです。

　もともと、組込みシステムは省資源のもとでシステムに求められたリアルタイム性能を満たすことが求められていました。そのため組込み機器では、まず、リアルタイム性能を満たすことを優先させ、残った CPU の空き時間でスループット要求をこなしていく必要があります。

　組込みソフトエンジニアは、スループットを要求される機能的独立性を持った複数のソフトウェアモジュールが、リアルタイム性を要求されているモジュール群の動きをじゃましないような仕組みを 1 つの CPU で実現しなければなりません。

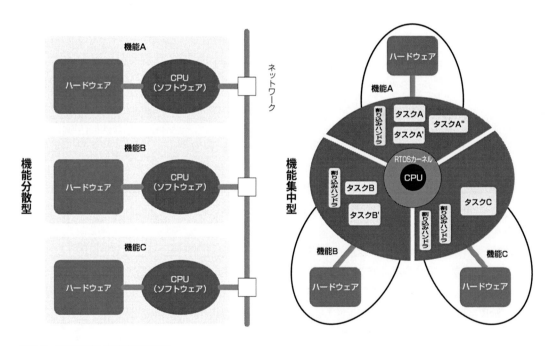

図2.1　機能分散と機能集中の違い

　リアルタイム要求とスループット要求の共存の難しさを解消するためには、リアルタイム要求を満たすモジュールと、スループット要求を満たすモジュールをそれぞれ別々の CPU に割り当て、それらを通信インターフェースでつなぐ方法が、開発のしやすさや信頼性の検証、再利用性などの面から考えても有利です（図 2.1 上参照）。しかし、コストダウン要求から、リアルタイムとスループットを 1 つの性能の高い CPU で実現したいという要望があることも確かです（図 2.1 下参照）。異なる 2 つの要求を満たしつつ、システムを最適化するためには、組込みソフトエンジニアは時間的なモジュール分割と機能的なモジュール分割のバランスをよく考えなければいけません。

　第2章では、第1章で学んだリアルタイム性を尊重した時間的モジュール分割を実現させた上で、さらに、デジタルデータ処理などのスループット要求を機能的に分割する方法を学びます。

2-1　機能的分割アプローチ

未熟なモジュール分割

　新人の佐藤は、CPUと開発環境が新しくなったことを機会にレシート印刷の機能をリアルタイムOSを使って自分なりにタスク分割してみた。最初は印刷した文字がかすれたり崩れたりしていたが、課長の室井と組田からサーマルプリントの原理とリアルタイムOSの基本について教わり、サーマルヘッドへ正確なインターバルでデータを送出し、適切な時間で発熱抵抗体に電流を流すために2つのドライバタスクが必要であることに気がつき、印刷の品質を改善することに成功した。

組田■佐藤君、印刷のかすれ、にじみ、崩れはなくなったよかったな。ところで、宿題にしてあった
　　　ドライバタスク以外のモジュール構成を書いてきたかい？
佐藤■はい、タスク関連図を書いてきました（図2.2参照）。

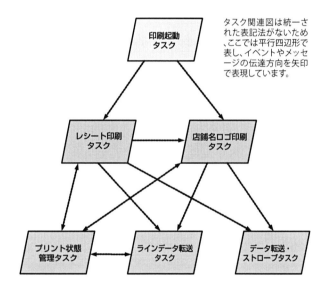

図2.2　最初の未熟なタスク分割

組田■なんかタスク間の関連がごちゃごちゃしているな。だいたいこんなにタスクが必要なの？
佐藤■最初、ラインデータ転送タスクとデータ転送・ストローブタスクの他にはレシート印刷の機
　　　能を全部詰め込んだ大きな1つのタスクしかなかったんです。ただ、それでは1つのタスクに
　　　機能が集中しすぎると思って、レシート印刷の手順を追いながらタスクを分割して、イベント
　　　フラグを使ってつないでいったらこうなっちゃいました。
組田■やりたいことをよく分析してからコーディングしてないな。佐藤君の作ったタスクの関連図
　　　には相互依存の関係が何カ所かあるだろ。矢印が両方に付いているっていうことは依存関係
　　　が一方向でないからモジュール同士の結合が強くなっているっていうことだ。モジュールと
　　　モジュールとの結合が強いと信頼性を検証するのも難しいし再利用もしにくいぞ。

佐藤■では、どういう風にモジュールを分割すればいいんでしょうか？

組田■ラインデータ転送タスクとデータ転送・ストローブタスクはリアルタイムの制約が強いから
このままタスクに割り当てておいていいと思うんだ。それは間違いない。だけど、他のモ
ジュールをどう分割すればいいか簡単には答えを出せないなあ・・・。どんな風に構造を変
えればいいのかよく考えてみるから 2、3 日待ってくれないか。

　リアルタイム OS を覚え立ての初級者はリアルタイム OS を使ってまず、動くプログラムを作る
というアプローチを取りがちです。このような設計方法では保守性や再利用性の高いモジュールを
作ることはできません。独立性の高いモジュール分割に慣れていない場合、1 つのソフトウェアモ
ジュールで複数の機能を記述してしまったり、気づいた順番に次々にタスクを生成してしまう場合
もあります。これではスパゲッティプログラムとあまり変わりがありません。

　タスクやモジュールの分割には、設計目的の明確化と一貫した指針が必要です。タスクの分割方針
は、第 1 章で解説したようにリアルタイム要求（応答性と CPU の占有）を優先させた時間的分割と
機能の独立性向上がコンセプトでした。スループット要求の強いソフトウェアに対しては責務の明
確化を目的とした機能的分割を行う必要があります。

機能重視のモジュール分割

　組田は、モジュールの機能的分割について、オブジェクト指向設計に詳しい友人の南野光太郎に相
談しています

南野■モジュール構造を直したいモデルがあるって言っていたけど、どんなシステムだい。

組田■電子レジスターのレシート印刷の機能についてのモジュール分割で悩んでいるんだ。ウチの
新人がリアルタイム OS を使ったタスク分割したモジュールの構造なんだけど、モジュール
同士の結合が強くてキレが悪いんだ。すっきりしないことだけはわかるんだけど、どういう風
に直せばいいのか思いつかないんだよ（図 2.2 参照）。

南野■リアルタイムOSについては詳しいことはわからないけど、タスクをオブジェクトと考えれ
ばそれぞれのオブジェクトの責務がはっきりしていないように見えるね。レシート印刷で何
を書くのかを整理してみたらいいんじゃないか。

組田■これが、レシート印刷の大まかな流れだよ（図 2.3 参照）。ラインデータ転送タスクとデータ
転送・ストローブタスクはこの役割分担でいいと思うけど、その他の機能をどうやって分割
したらいいんだろう。

南野■なんだ、ここまで分析できているじゃないか。レシートに何を書くのかよく考えてクラスを抽
出してみようよ。

　UML（Unified Modeling Language）で書いたクラス図を南野が示す（62 ページの図 2.4 参照）。

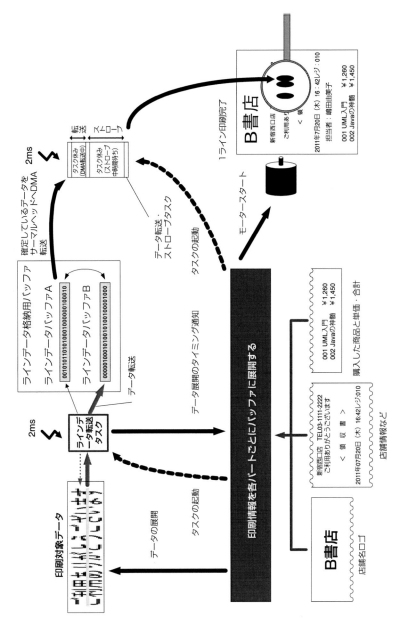

図2.3　レシート印刷の手順

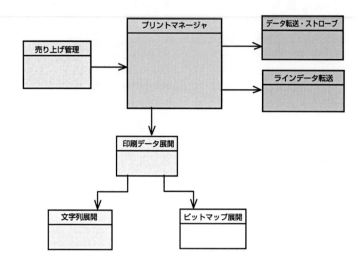

図2.4　レシート印刷のクラス図

南野■こんな感じでどうだい？　レシートに書かれているのは文字と絵だろ。文字はキャラクタ
　　　ジェネレータ[1]からデータを取ってくるだろうし、絵はビットマップデータを展開するから
　　　この2つ異なる役目を分けて印刷データ展開クラスが文字展開とビットマップ展開の責務を
　　　持った2つのクラスに仕事を振り分けるようにしてみたよ。プリントマネージャは全体を統
　　　括する役割だね。

組田■なるほど。レシートを書く順番で分類せずに、データに展開する対象に着目して分類したんだ
　　　ね。しかも、印刷データ展開、文字列展開、ビットマップ展開の3つはプリントマネージャか
　　　ら呼び出される受動的なモジュールだと考えればタスクにする必要はないね。

南野■呼び出されるだけの受動的なモジュールは言われなければ何もしないからパッシブオブジェ
　　　クトっていうんだよ。逆に自分のことは自分でやれるラインデータ転送タスクやデータ転
　　　送・ストローブタスクはアクティブオブジェクトだね。システム設計するときは、アクティブ
　　　オブジェクトが不必要に増えないようにいつも心がけているよ。パッシブオブジェクトは受
　　　動的にしか動かないからテストしやすいし、単独で再利用もしやすいのさ。

組田■オブジェクト指向設計で考えると役割分担がはっきりするね。

南野■将来バーコード印刷するような時は、印刷データ展開クラスにバーコード展開のクラスをぶ
　　　ら下げてあげればいいだろ。責務を明確にすると追加・修正が楽になるんだ。

オブジェクトとは何か？

　オブジェクト指向の考え方におけるオブジェクトとは何でしょうか。また、なぜオブジェクトの考
え方を導入するとソフトウェアの設計がやりやすくなるのでしょうか。

　オブジェクトとは目的を達成するために必要なデータと手続きのセットです。例えば、ここにある
三角形オブジェクトがあったとします。三角形オブジェクトは三角形に関するデータと手続きを
持っています。そこで、三角形オブジェクトに「底辺は何 cm ですか」と聞いてみます。そうすると

1　キャラクタジェネレータ（文字発生器）：1バイト（8bit）または2バイトでコード化された文字・数字・記号などのキャラク
　タ表現（キャラクタコード）を、そのキャラクタを表現するためのグラフィカルな表現（大きさは 8 × 8 ドットや 16 × 16 ドッ
　ト、24 × 24 ドットなどさまざま）に変換するためのデータ格納器。組込み機器の場合、コストダウンのため表示や印刷に使
　用する文字や漢字のデータだけをシステムのメモリ領域に格納しておくことも可能です。

「4cm です」という答えが返ってきます。「高さは何 cm ですか」と聞くと、「3cm です」という答えが帰ってきます。次に、三角形オブジェクトに「あなたの面積はいくつですか」と聞いてみます。そうすると、すぐさま、「6 平方 cm です」という答えが返ってきます。

　今度は半径 5cm の球オブジェクトに「あなたの面積はいくつですか」と聞いてみます。すると、すぐさま「314.15 平方 cm です」と答えが返ってきます。また、「では、半径 4cm の球の体積はどれくらいですか」と聞いてみます。すると、すぐさま「268.07 立方 cm です」と答えが返ってきます。

　三角形オブジェクトや球オブジェクトは、三角形や球にことについて何でも知っていて三角形の面積や球の面積、体積の公式を知らなくても答えを教えてもらえるので便利です。オブジェクトを利用するユーザーはオブジェクトの中でどんなことが行われているかを知らずに、オブジェクトが提供する公開されたサービスの使い方だけを知っていればよいことになります（図 2.5 参照）。

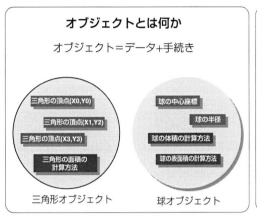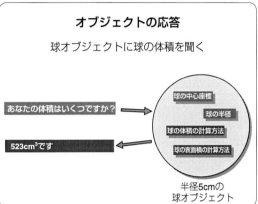

図2.5　オブジェクトとオブジェクトの応答

　三角形オブジェクトは三角形の面積が底辺×高さ÷2であることを知っていますが、三角形の面積を知りたいユーザーはこの公式を知らなくても三角形オブジェクトが提供する三角形の面積通知サービスを使って三角形の面積を知ることができます。同様に、球オブジェクトは球の表面積が$4\pi r^2$であり、体積が$4/3\pi r^3$であることを知っています。システムはオブジェクトに責務を与え、権限を移譲することで、オブジェクトに必要な指示を与えるだけで仕事をさせることができるようになります。三角形の面積や球の面積、体積を計算するために必要な変数は、公式と一緒にオブジェクトの中に隠蔽されているため、オブジェクトを利用するユーザーがわざわざ用意する必要はありません。

　オブジェクトを使うユーザーはオブジェクトに権限を移譲したことで、詳細を把握することから解放されシステム全体の調整に集中すればよいことになります。大規模システムにおいてオブジェクトへ権限を移譲するという考え方は、機能を独立化させ、システムを統括しやすくするために有利に働きます。

クラスとは何か？

　オブジェクトの構造を表すひな形がクラスです。つまり、オブジェクトはひな形であるクラスから作られた実体（＝インスタンス）です。クラスとオブジェクトが別々の概念になっているのはなぜでしょうか。

　同じひな形でオブジェクトを複数生成したいときがあります。例えば、図 2.6 のようにタートル（亀）クラスがあったとしましょう。タートルクラスは、進む方向と距離を与えてあげれば移動した後の位置を返してくれるサービスを提供しています。タートルクラスには進む方向と距離といったデータを格納する変数と、移動した位置を計算するための具体的な手続きが記述されています。

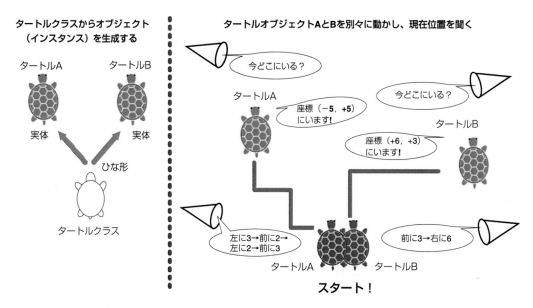

図2.6　クラスとオブジェクトの関係

　亀 2 匹をそれぞれ独立して動かしたいときには、タートルクラスをひな形にしてタートルオブジェクト A とタートルオブジェクト B を生成します。そうすればタートルオブジェクト A とタートルオブジェクト B を別々に動かすことでできるようになります。タートルクラスというひな形を使って生成したタートルオブジェクト A とタートルオブジェクト B は、性質は全く同じでも実体（インスタンス）は異なるため独立して利用することができます。ひな形であるクラスを使ってオブジェクト（＝インスタンス）を生成すると、サービスを提供するために必要なメモリ領域がオブジェクトごとに確保され、これにより独立した複数のオブジェクトを動かすことが可能になります。

アクティブオブジェクトとパッシブオブジェクト

　ソフトウェアモジュールは高凝集、疎結合[1]（次ページ）を意識したアクティブオブジェクトやパッシブオブジェクトの集まりに分割します。リアルタイム OS のシステムコールを発行し、時間的な主導権を握ることのできるドライバタスクやアプリケーションタスク、CPU に接続している周辺機器から起動され、割り込みのトリガーをもらうことのできる割り込みハンドラはアクティブオブジェクトと見なすことができます。一方、プラットフォームやリアルタイム OS に依存せず要求に対して答えを返すだけのアプリケーションソフトウェアはシステムの中で能動的には動かないことからパッシブオブジェクトとなります（図 2.7 参照）。

1　高凝集と疎結合：高凝集とは、プログラムの中の 1 つのモジュール（関数やクラス）の中に含まれる機能の純粋度を示す尺度。ソフトウェアシステムの保守を考えたとき、1 つのモジュールの中で、いくつもの機能が混ざり合っているよりも、うまく機能が分割され機能や役割が凝集されている方が理解しやすく、修正の際に他の部分に悪影響を与える機会が減ります
　　疎結合とは、プログラムの中で呼び出し関係にある 2 つのモジュールの関係を表す尺度で、保守や修正に伴う作業による副作用を未然に防ぐために、情報の受け渡しについてできるだけ疎結合の状態を目指します。

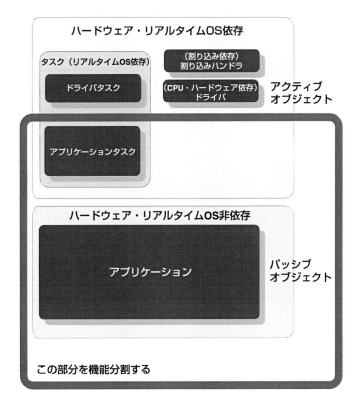

図2.7　アクティブオブジェクトとパッシブオブジェクト

　パッシブオブジェクトを増やすことはモジュール自体の再利用性を高めることにつながりますが、設計の仕方によってはかえって差分開発を阻害するような場合もあります。例えば、(図2.8左参照)のようにシステムの状態を監視する1つのアクティブオブジェクトと、状態が変化したら呼ばれる複数のパッシブオブジェクトというモジュール構成があったとします。

1つのアクティブオブジェクトで複数の
パッシブオブジェクトを駆動する例

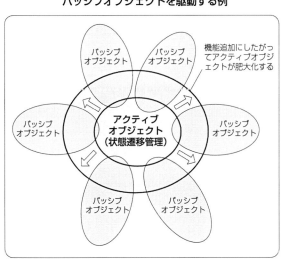

機能的独立性を重視し必要最小限の
アクティブオブジェクトを抽出した例

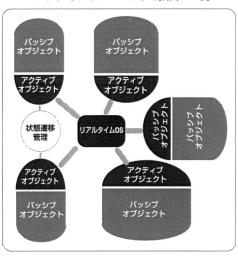

図2.8　アクティブオブジェクトの設定

　この場合、システムに対する機能修正や追加があると、システムのすべての動きをコントロールしている中央集権的なアクティブオブジェクトに手を入れなければならず、機能が追加されるたびに全体をコントロールするアクティブオブジェクトは肥大していきます。システムの状態を管理するアクティブオブジェクトがパッシブオブジェクトたちの責務を一部担っていることでモジュール間の結合を強くしてしまっています。一方、図 2.8 下では機能的独立性を重視し、独立した機能を駆動するための最小限のアクティブオブジェクトが抽出されています。アクティブオブジェクトは単に少なくすればよいのではなく、機能的独立性を高め、リアルタイム性能を満たすために必要であれば積極的に生成すべきです。

　中央集権的システム構成に慣れてしまった組込みソフトエンジニアが、責務を独立させるシステム構成に考え方をシフトするのは難しいものです。このような場合は、分割したモジュール群（サブシステム）が互いに同じような仕事していないか、依存しあっていないかをチェックし、同じような仕事をしていたり、依存しあっていたら、そのような関係を解消するようにモジュールの構成を見直します。

タスクとアクティブオブジェクト

　タスクやアクティブオブジェクトという概念と、C や C++言語のソースプログラムの実体との関係が混乱することがよくあります。ソースプログラムの実体の関係が不明確ではプログラムを実装するときにプログラマがどう実装すべきか迷ってしまいます。

　タスクという言葉を使うとき、タスク関連図の概念上のタスクと、タスクとして実装した関数やクラスが一対一ではないことがあります（図 2.9 上参照）。

　リアルタイム OS が管理できるタスクを登録するためには、タスクとなる関数の先頭アドレスをリアルタイム OS の管理領域にセットする必要があります[1]。タスクとして登録した関数が関数の中で他の関数を呼び出していなければ、タスクと管理領域に登録された関数はイコールです。しかし、タスクとして登録した関数taskPurposeA()がdoFunctionB()やdoFunctionC()を呼び出して機能を実現している場合、タスクという括りは、taskPurposeA()、doFunctionB()、doFunctionC()を合わせたものになります。リアルタイム OS から見れば、イベントが発生しタスクがスイッチングするときにレジスタ類を格納する TCB 領域が同一であるかどうかがタスクの境界となります。その視点で考えるとリアルタイム OS を使ったシステムの分類は割り込みハンドラ、タスク、リエントラント[2]（再入可能な）な関数の３種類しかありません（メインループは除きます）。

　ソフトウェアの規模が小さく、リアルタイム性が強い機器では、割り込みハンドラとタスクの比重が大きく、リエントラントなモジュールは小規模の共通関数という位置づけになることが多いでしょう。しかし、ソフトウェアの規模が大きくなり、スループット要求が増えてきたシステムでは割り込みハンドラとタスクの比重は小さくなり、共通関数やリアルタイム要求の小さい受動的なモジュールの比重が大きくなってきます。

1　タスクの登録のしかたはリアルタイム OS によって異なります。
2　リエントラント（再入可能）：リエントラントとは対象となる関数がタスクから呼び出されているときに、タスクスイッチングが発生しまた別のタスクから対象の関数が呼びだされた際正常に動作するように作られていることです。グローバルな変数を使っていたり特定のインターフェースをアクセスしていると正常に動作しないことがあります。このような不都合が生じないようにメモリはローカル変数と使うなど安全対策が施されていることをリエントラント（再入可能）であると言います。

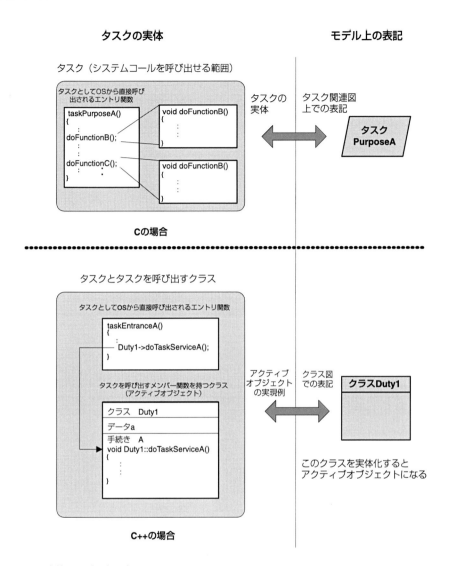

図2.9　タスクの実体とモデル上の表記

　タスクと関連をもったクラスを実体化したオブジェクトはアクティブオブジェクトとなります。規模の小さいシステムではタスクとアクティブオブジェクトは一対一に近くなり、タスク関連図で、システムの機能分割を表すことができます。システムの規模が大きくなるとタスク関連図ではシステム全体を表しきれなくなるため、システムをアクティブオブジェクトとパッシブオブジェクトに分けて、アクティブオブジェクトの中でタスクがどのような働きをしているのかを示します。

オブジェクト指向設計的アプローチのメリット

　責務を意識した機能分割はオブジェクト指向設計の考え方が有効であり、分割したモジュールをクラス図として表わせばプロジェクトメンバー間でモジュールの分割について議論することができます。機能分割、モジュール分割が正しくできたかどうかをレビューするには分割したモジュールとモジュール間の静的な依存関係を表現することが有効です。

　次ページの表2.1が本書で扱うUMLの簡単な説明です。

表2.1　本書で使うUMLの説明

名称	UML表記	説明
クラス		クラスはひな形でオブジェクト（インスタンス）は実態。クラスはメンバー変数とメンバー関数（メソッド）のセット。C言語を使っている場合は、同じ役割を持った関数のグループと考える。
パッケージ（ドメイン）		ドメインはクラスを入れる入れ物。
依存		ドメイン間の依存は、もとのドメインの中のクラスが、矢印の先のドメインの中のクラスのメンバー関数を呼んでいることを示す。相互依存は、両方でアクセスし合っている状態。
関連		上のクラスと下のクラスが関連していることを示す。矢印は関連の方向を示す。具体的には相手のクラスのメンバー関数（メソッド）を呼んでいる。
汎化（派生）		上は似たような性質をまとめた基底クラス（汎化）。下は汎化された基底クラスから派生した派生クラス。
実現		上がインターフェースを定義したクラスで、下がインターフェースを実現するクラス。

　クラスは図2.6「クラスとオブジェクト」で説明したようにオブジェクトのひな形で、データとなるメンバー変数と手続きとなるメンバー関数が定義されています。図2.6ではタートルクラスに対して複数のオブジェクトを生成しましたが、特定の機能しか行わない組込み機器の場合、クラスに対するオブジェクトは静的に生成され、クラスとオブジェクトは一対一であることがほとんどです。カーナビゲーションシステムのように、開かれるウィンドウの数が変動するような場合は、クラスに対するオブジェクトを動的に生成する必要があります。動的という意味は、オブジェクトがあらかじめROM上に用意されているのではなく、クラスというひな形を使って必要なときに、必要な数のオブジェクトをRAM上に作るということです。動的に生成されたオブジェクトは役割を終えると抹消されることがほとんどですが、役割を終えたにもかかわらず抹消されないでいるとRAM上のメモリエリアが解放されず、徐々にシステムで使用できるメモリが少なくなるという現象が発生します。これがメモリリークと呼ばれる現象です。役割を終えたオブジェクトの抹消忘れは見つけることが難しく、動的にオブジェクトを生成しているシステムではメモリリークは頭を悩ませる問題の1つとなっています。

　パッケージ（ドメイン¹はクラスを入れる入れ物です。入れ物ですから実体はありません。作成したクラスをグルーピングしたいときに利用できます。クラスは特定の役割を持ったC言語のおける関数と変数をグルーピングしたようなものですが、システムが大きくなり、ソースコードの規模が10万行を超えるようになると、システム全体を俯瞰するのにクラスでは粒度が細かすぎます。組込みソフトウェアシステムの構成を外観し、構造をレビューするためにはクラスをさらにグルーピン

1　ドメイン：ドメインとは領地、領土、（知識・思想・活動などの）領域、分野という意味で、情報処理の世界では問題領域と訳されます。ドメインは再利用資産を抽出する際に重要な概念となります。第3章で詳細に説明します。

グしてパッケージ（ドメイン）の入れ物に振り分ける必要があります。この振り分けの考え方（ドメインエンジニアリング）については第3章で詳しく説明します。

　ドメイン同士の依存関係は点線矢印で示します。矢印が双方向についている状態は、ドメイン内のクラスが相互にアクセスしあっている状態であり、クラスやドメインの独立性を高めるためには相互依存の状態はできるだけ解消することを考えた方が有利です。

　関連は、クラス間で何かしらの関係があることを示します。クラスが他のクラスのオブジェクトの存在を知り、その情報から対象となるクラスのメンバー関数を呼ぶと関連が生まれます。関連は実線の矢印で表し矢印で関連の方向性を表すことができます。

　汎化は、似たような性質をもった基底クラスと基底クラスの特徴を継承した派生クラスとの関係を表します。継承の機能はオブジェクト指向言語に用意された仕組みであり、C言語自体には継承の機能はありません。

　継承[1]を使うと同じインターフェースを持った別の派生クラスを作ることができ、派生クラス同士はインターフェースの共通性を確保したまま安全に入れ替えが可能となるため、機能変更や追加がやりやすくなります。基底クラスのインターフェースに変更がなければ、機能の変更や追加を一時的に試してみて最悪の場合安全に元に戻すといったアプローチも取ることができます。

コラム──UMLを使ったソフトウェアの見える化

　UMLの図は機械設計の世界で言えば機械図面、電気設計の世界で言えば回路図です。かつて、ソフトウェアエンジニアリングの世界ではフローチャートやPAD（Problem Analysis Diagram：問題分析図）などがソフトウェアの中間的な階層を表現する表記法として使われていました。また、構造化分析手法のDFD（データフローダイアグラム）もソフトウェアのシステムを階層的に表現する表記法です。フローチャートやPADはソースコードと同じくソフトウェアの表現の粒度が細かいのでシステム全体を見渡すには向いていません。一方DFDやUMLはソフトウェアシステムの全体から細部に至るまでのすべての工程を網羅しているので、ソフトウェアシステムを上位層や中間層、下位層などいろいろな角度から眺めるのに便利です（次ページのコラム図2.1参照）。

　それに比べるとエレクトロニクスエンジニアリングにおける回路図は実装直前の表現であるにもかかわらず、それぞれの部品の機能が直感的に理解しやすくできているので、回路図レベルで技術者同士が話しをしても特に不自由が
ありません。

　ソフトウェアエンジニアリング世界では、機械設計における機械図面や電気設計における回路図に相当する汎用的で網羅性のある世界共通の表記法が長い間存在しませんでした。そのためエンジニア同士がソフトウェアの構造や振る舞いについて議論するには自分たちのローカルなルールで作成したブロック図のようなものでソフトウェアシステムを表現するか、わかりにくいのを承知の上でソースコードを見ながら議論するしかありませんでした。ソースコードはシステム全体から見ると粒度が小さい上に、プログラミング言語で書かれているので「読む」という行為なしでは内容を把握することができないという欠点があります。

1　継承（実現）：同じインターフェースを持った別のクラスを作ることはUMLでは「実現」と呼ばれますが、C++では継承と実現を明確に区別できないため、本書では実現を継承に含めて説明しています。

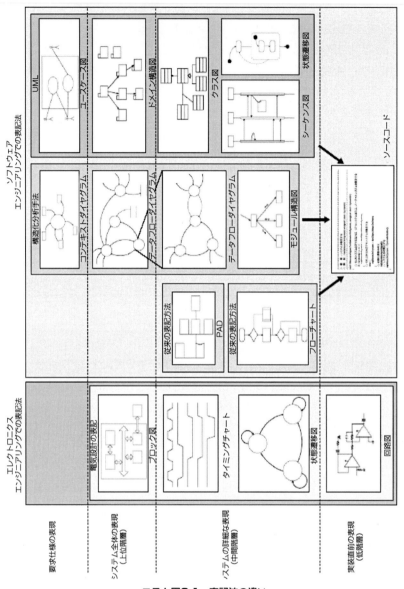

コラム図2.1　表記法の違い

　コラム図 2.1 にあるように構造化分析手法の DFD (データフローダイアグラム) ではコンテキストダイアグラムからデータフローダイアグラムへ階層的にシステムを展開することで、システムの全体から詳細へ徐々に視点を移していくことができます。コンピュータの心臓部である CPU は命令を 1 つずつ解釈しながら処理していくために、全体を俯瞰するということはしません。しませんと言うよりはできませんと言った方が適切かもしれません。一方、情報処理の方法が全く異なる人間の脳では CPU のような逐次処理は苦手で、感覚器官から入力された画像情報などを並行処理しパターンとして解釈します。そのため複雑なシステムを把握するためには、構造化分析手法の DFD (Data Flow Diagram) や UML の各種ダイアグラムを使って全体から詳細へ表現する方法が有効なのです。

　ユーザー要求が多様化しその多様化した要求をソフトウェアで実現するようになった今日ではC言語で10万行を超えるプログラムを書くことも少なくありません。このように規模が増大したソフトウェアシステムは全体を階層的に表現することができなければシステムは複雑になる一方です。複雑化したシステムを分析するにはUMLを利用し、システムを要求段階のモデルから実装直前の構造までを階層的に表現します。

　UMLで表現する構造図（クラス図、オブジェクト図）、相互作用図（シーケンス図、コミュニケーション図）で使用するモジュールの単位はクラスやクラスをひな形にして生成したオブジェクト（インスタンス）です。クラスはオブジェクト指向言語であるC++、Java、C#などで実装できますが、C言語ではそのまま表記することはできません。

　C言語では、データと手続きをセットにしたクラスという概念がありません。そこで本書ではある責務を果たすCの関数群と変数のセットをソースファイルでグルーピングし、同じような責務を持ったクラス群と同等を考えます。オブジェクト指向言語を使わない場合、変数と関数群を静的なひな形として、同じ構造を持つオブジェクトを複数生成することはできません。オブジェクト指向言語を使っていれば、基底クラスをベースにしてわずかな違いを持つ派生クラスを作り、差分開発を効率的に進めたり、オブジェクト（インスタンス）内にあるメンバー関数を他のオブジェクトから隠蔽し、不用意に他のオブジェクトからアクセスできなくしたりすることができます。しかし、C言語で開発をしている場合は、このようなオブジェクト指向言語で用意された多態性（ポリモーフィズム）やカプセル化を使うには工夫が必要です（コラム「ファイルスコープを利用したグルーピング」参照）。

　オブジェクト指向言語を使わなくてもUMLを利用することは可能です。組込みソフトでUMLを使うことの最大のメリットは、複雑なシステム階層的に表現し、システムの構造や振る舞いをプロジェクトメンバー間で共有できるようになることです。また、システムの構造が明示化されれば、その構造や振る舞いをレビューし、洗練することもできます。オブジェクト指向言語を使っているかどうかにかかわらず、ソフトウェアシステムの構造を俯瞰できるようにしておくことは大規模化している組込みソフトウェアにとって必要なことです。

コラム――ファイルスコープを利用したグルーピング

　手続き型の言語と呼ばれているCとオブジェクト指向言語であるC++を比較したとき、C言語にはクラスという概念がないため機能的な分割がしにくいという欠点があります。C言語ではデータと手続きをカプセル化し、クラス内で使うデータを外部から隠蔽するようなことができません。しかし、C言語であっても、ファイルスコープを工夫することで、関数をグルーピングし同じグループ間で使う変数や関数を外部から隠蔽することは可能です。

　コラム図2.2の左側では責務1を担うクラスDuty1と責務2を担うクラスDuty2および、タスクの入り口関数taskEntaranceA()が、ApPrintManager.cppというソースファイルの中でグルーピングされています。リアルタイムOSによってはタスクはグローバルな関数の先頭アドレスをTCB（Task Control Block）に登録しなければいけないため、タスクの入り口関数を用意して、そこからクラスのメンバー関数を呼び出します[1]。

　次ページコラム図2.2のように、タスクと、タスクから呼び出されるクラスと印刷管理に関係するクラスが1つのグループとしてApPrintManager.cppの中にパッケージされます。このようなファイルによるグルーピングとクラスの関係をC言語に置き換えるとコラム図2.2の右のようになります。

1　タスクの登録：アドレスが静的に確定しているならば、クラスのメンバー関数を直接タスクに登録することができるリアルタイムOSもあります。

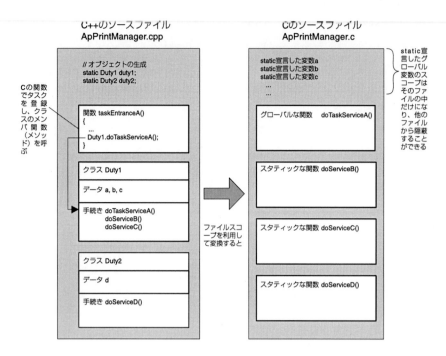

コラム図2.2　ファイルスコープを利用してデータの隠蔽と関数のグルーピングを行う

　ApPrintManager.cの中では、まずApPrintManager.cppの中のクラスで使われていたメンバー変数[1]をApPrintManager.cの中で static 宣言したグローバル変数として定義しています。通常、関数の外で宣言した変数はグローバル変数となり、ファイル外からでも extern 宣言すれば参照できますが、static 宣言することで、ファイルスコープ内だけで利用する変数となり、他のファイルから参照できなくなります。これにより、変数の隠蔽とグループ内での共通参照が可能になります。.cppファイルのクラスの中で定義されていたメンバー関数[2]は.cファイルの中に展開されています。関数群はグローバルな関数となっていますが、これらの関数も static 宣言することで、ファイルスコープの外から呼び出せなくすることが可能となり、public なメンバー関数と private なメンバー関数をシミュレートすることができるようになります。

南野■でも、このくらいの規模のソフトウェアなら、オブジェクト指向設計にこだわらなくてもいいんじゃないか。

組田■今、相談しているのは、電子レジスターのほんの一部さ。製品にはもっとたくさんの機能が入るから全体の規模はそれなりに大きいんだ。それに、うちはミドルレンジの電子レジスターだけど、隣りはローエンドで、そのまた隣りはハイエンドのレジスターを作っていて、それぞれ似たようなモジュール作っているし、オブジェクト指向設計的な考え方でモジュールを再利用していかないと製品リリースの期日を守れないよ。

　ただ、オブジェクト指向設計にこだわっているわけじゃないんだ。先輩の立花さんがいたと

1　メンバー変数：メンバー変数とはクラスの内部で宣言される変数
2　メンバー関数：クラスの内部で宣言される関数。public宣言されたメンバー関数はクラスの外から呼び出すことができ、private、protected宣言されたメンバー関数はクラス外部から呼び出すことができない。メンバー変数へのアクセスはget/setするpublicなメンバー関数を用意します。これにより、クラス内の変数は隠蔽され、変数を変更したり、取り出したいときは明示的にpublicなメンバー関数を呼び出すことになります。

きは、まずは UML を使って自分たちの製品システムの全体構造を見えるようにすることを
目指していたよ。でも、光太郎の話を聞いていたら、もっとオブジェクト指向設計の勉強をす
れば機能的に独立性の高いモジュール分割ができて、ローエンドやハイエンドの電子レジス
ターでも使えるような気がしてきたな。

南野■オブジェクト指向設計を習得するには時間がかかるから組込みソフトやりながらオブジェク
　　ト指向もっていうのは大変じゃないか？

組田■全員がオブジェクト指向設計をマスターする必要はないと思うね。ただ、UML については共
　　通認識がないとダイアグラムをレビューできないから、UML の表記法と簡単な使い方だけは
　　新人にも教えるようにしているよ。

　　　オブジェクト指向設計の考え方は、組込みシステムの全体構造を考えるアーキテクトが理
　　解していればいいと思うんだ。うちのチームではその役目は立花さんだったんだけど、立花さ
　　んがいなくなってしまったので今度は俺が勉強しないといけないな。

　オブジェクト指向設計の学習には時間も必要ですが、自分たちが作ったモデルに対して経験者か
らレビューしてもらう機会がないと技術を高めるのは難しいでしょう。コラム「UMLを使ったソ
フトウェアの見える化」にあるように、規模の大きくなったソフトウェアシステムをUMLで表現
し、その構成についてメンバー間でディスカッションすることは有効です。UMLのダイアグラム
を見ながら、設計コンセプトが通りにモジュールが分割されているかどうか、また、モジュール間
の相互依存がないかどうか、シーケンスは正しいかといったチェックはオブジェクト指向設計の知
識がなくてもできます。また、機能的分割に慣れていない初級ソフトウェア技術者が作ったモ
ジュールとモジュールの関係はソースリストだけではよく見えませんが、UMLで各種ダイアグラ
ムを書いて関連の仕方や依存関係、責務を表せば、その分割が良いか悪いかをレビューすることが
できます。

機能的視点からシステムを眺める（大規模システムにおけるレイヤー的視点）

組田■今や電子レジスターも、金額を手で打ってレシート印刷するだけじゃなく、バーコードスキャ
　　ナーと連携したり、クレジットカードのサービスにアクセスしたり、売り上げデータをホスト
　　コンピュータに送出したりしてやることがパソコン並になってきて規模が大きくなるばかり
　　だよ。規模の大きいソフトウェア開発のコツみないなものはないのかなあ。

南野■レシート印刷はやらないけど、他の機器との連携やデータベースへのアクセスなんかは、俺た
　　ちビジネス系アプリケーションソフトエンジニアの守備範囲だね。ビジネス系のソフトウェ
　　アで表示系やデータのアクセス、加工があるようなシステムでは、やるべきことをレイヤーに
　　分けるといいんだよ（次ページの図 2.10 参照）。

　　　こんな風にプレゼンテーションレイヤー、ドメインレイヤー、データソースレイヤーといっ
　　た３つのレイヤーに分けて分類するとわかりやすいだろ。さっきの電子レジスターの場合な
　　ら、表示系、操作系のソフトウェアはプレゼンテーションレイヤーに、レシート印刷、スキャ
　　ナーの読みとりはドメインレイヤー、クレジットカードの対応と売り上げデータの送出は
　　データソースレイヤーといった感じかな。

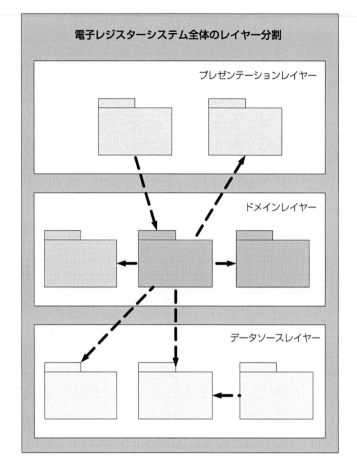

図2.10　レイヤー分割アプローチ

組田■プレゼンテーションレイヤーはユーザーインターフェース、データソースレイヤーはデータ
　　ベースに関係しているってわかるけど、ドメインレイヤーってなんだい。
南野■ドメインレイヤーは、そのドメインに特化したもの、ユーザーインターフェースやデータ操作
　　といった処理とは異なり一般化しにくい複雑な処理を配置するレイヤーさ。鉄夫の話しを聞
　　いていると、レシート印刷は他の製品では使わないかなり複雑性の高い処理だからドメイン
　　レイヤーだね。

　規模の大きい組込みシステムにおいても、ビジネス系のソフトウェア開発と同様にシステム全体
をレイヤーに分けて考える方法は有効です。この場合、レイヤーに配置するブロックはドメインとよ
ばれ、本書では UML のパッケージで表しています（参照文献『組み込み UML』）。
　ドメインは入れ物であり、実態はドメイン（パッケージ）の中に入る複数のモジュール（クラス）
となります。ドメイン間の依存関係は点線の矢印で表し、依存関係が相互依存にならないようにドメ
インの分割を考えます。このような問題領域の分析をドメイン分析と呼び、ドメイン間の関係を表し
た図を本書ではドメイン構造図と呼びます。
　どのようなレイヤーを切るかは、業種や商品、商品群によって変わります。ユーザーインター
フェースを持たない機器ではプレゼンテーションレイヤーはないし、データの入出力を持たない機

器ではデータソースレイヤーはいらなくなります。レイヤーはあくまでも規模の大きいソフトウェアシステムの分類しやすくするための目安です。しかし、同じ組織内の部門間でソフトウェアを共通化するような場合は共通なレイヤリングを定めてレイヤーに含めるドメインについての判断基準を共有しておくとよいでしょう。ドメイン分割の詳細については第3章で説明します。

コラム——広義のドメインと狭義のドメイン

ドメイン（domain）という言葉で一番身近なのは、ホームページの在処を示すインターネット上の住所の意味でしょうか。もともと、domainとは領地、領土、（知識・思想・活動などの）領域、分野という意味で、情報処理の世界では問題領域と訳されることもあります。ドメインはその言葉の本質的な意味のとおり、いろいろな範囲の領域を示すために使われます。例えば、業種の違いを業務ドメインの違いと言ったりしますが、この場合のドメインは広義のドメインです。ドメインレイヤーとは、対象とする製品や事業の領域（広義のドメイン）に特化した処理モジュール（狭義のドメイン）を集めたレイヤーという意味です。

ドメイン分析を行う際の、ドメイン（パッケージ）はクラスやオブジェクトが入る入れ物で狭義のドメインになります。オブジェクト指向設計におけるクラス（C言語では、同じ役割の関数グループ）はもともとある責務をもったソフトウェアモジュールですが、ソフトウェアシステム全体を俯瞰するにはクラスでは粒度が細かすぎます。ソフトウェアシステム全体を俯瞰するには、クラスよりも大きな粒度の入れ物が必要であり、それがドメイン（＝パッケージ）です。ドメインは責務を持ったクラスをグルーピングした入れ物になります。

ドメイン自体は実態を持たないため、ドメインの責務はドメインの中にあるクラスの責務を抽象化したものになります。ドメインは問題領域という名のとおり、どの領域を問題とするかでその範囲が決まるのです。

2-2　スループット要求による機能的分割の指針

要求が多様化した主な原因は情報がデジタル化し、ネットワークのインフラが整備され、ユーザーが組込み機器により多くの利便を求めるようになったからです。組込みソフトエンジニアは高性能化したCPUを使って、このような多様化した要求に応えなければなりません。しかし、多様化した要求に次々と応えるために単に機能を追加していけばよいわけではありません。

組込みシステムがもともと担っていたリアルタイム性を持った基本機能を損ねるようなことがあってはなりません。組込みシステムのリアルタイム要求を満たしたまま、増大したスループット要求を実現していく必要があるのです。

スループット要求を実現し、機能的独立性を高めるためにはオブジェクト指向的責務分担の考え方が有効です。次ページの図2.11「分身の術と変身の術」をご覧下さい。1つのCPUに対してリアルタイム要求とスループット要求をマッピングしている様子を表した図となっています。

ひとりの忍者は1つのCPUを表しており、分身の術（リアルタイムOS）を使って割り込みハンドラやドライバタスク、アプリケーションタスクに分かれています。分身の術を使ったことで複数の忍者がいるように見えますが、実体の忍者はひとりです。割り込みハンドラやドライバタスクは、リアルタイム要求が強く素早く動かなければいけないので次のステップとなる変身の術は使いません。割り込みハンドラやドライバタスクは時間的・性能的責務を負っていると考えます。一方、ス

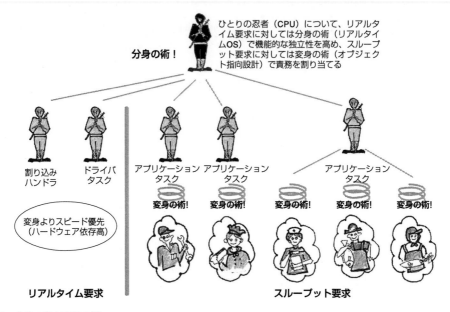

図2.11　分身の術と変身の術

ループット要求の強いアプリケーション処理は変身の術（オブジェクト指向設計）を使って、機能的責務を明確にします。分身した忍者（タスク）に割り当てられているモジュールがアクティブオブジェクトであり、分身した忍者（タスク）から、受動的に呼び出されるのがパッシブオブジェクトです。責務を割り当てられたオブジェクトはそれぞれの専門領域を持ち、その専門領域においては右に出るものはいません。逆に言えば、オブジェクト間で責務がどちらにあるのかわかりにくい状態をなくしておきます。オブジェクト同士が共同で作業にあたらなければいけないときは、片方のオブジェクトから指示を受け結果を返すという関係になるように配慮します。もちろん、機能によってはマネージャに相当する管理を責務とするオブジェクトが必要なときもあります。そのような場合はマネージャは管理業務に徹するようにします。マネージャが実務作業をしてしまうと、管理と実務を切り離すことができなくなります。ローエンドからハイエンドまでといった商品群でソフトウェア資産を再利用する際には、実務を行うオブジェクトはそのまま再利用し、管理者の方をシステムに合わせて交代させた方が効率の良い設計になります。

　図2.11を見てもらえばわかるように、どんなに大きなシステムでも実体の忍者（CPU）は1つです。しかし、ひとりのスーパー忍者が請け負っているすべての仕事をこなすと考えるよりも、分身の術、変身の術を使って何人もの忍者で責務を分担していると考えると、システムの全体構造がわかりやすくなり、機能の追加、修正、保守、デバッグを容易にし、開発効率と品質の向上を同時に高めることができます。

　組込みシステムに特有のリアルタイム要求に対しては、変身の術（オブジェクト指向設計）は使わず、分身の術（リアルタイムOS）の機能で対処すれば、スピードや性能を優先することができます。一方、スループット要求に対しては、変身の術（オブジェクト指向設計）を使い、機能的責務を明確にしたモジュールを独立させて、独立させた機能モジュールに権限を委譲します。そう考えれば、機能の追加や修正を行う際にどのモジュールに手を加えればよいかがわかりやすくなり、また、不具合が発生したときにも不具合の現象から、どこに問題があって、誰の責任で問題が起こったのかが明

確になります。

　スループット要求を実現する機能の中には自ら動くことができるアクティブオブジェクトと、言われたとおりに動けばよいパッシブオブジェクトの2種類があり、アクティブオブジェクトのモジュールの中には、リアルタイムOSのシステムコールを発行するタスクが含まれています。

　スループット要求を実現するオブジェクトの責務を明確にすることのメリットを整理すると以下のようになります。

責務の明確化によるメリット

1. 不具合が発覚したときに、その現象から責務を持ったどのオブジェクトの問題かがわかる。
2. 責務の分担を眺めることで、設計の方針・コンセプトを知ることができる。
3. 設計の方針・コンセプトがわかると追加、修正時にどこに手を入れればよいかわかりやすい。
4. 再利用性が増す。
5. 責務が明確なため何をテストすればよいかがわかりやすい。
6. テストケースを洗い出しやすいので品質が向上する。
7. プログラマの属人性（くせ）を排除しやすい。
8. 責務を持ったモジュールをグルーピングすることでシステム全体のアウトラインが見やすくなる。
9. 責務を明確化したモジュール構造をレビューすることでモデルを洗練することができ、洗練したモデルは寿命が長い。

　スループット要求のモジュールの責務を明確化すること（＝オブジェクト指向設計の導入）は良いことばかりで問題点はないのでしょうか。考えられる問題点は次のようなものがあります。

オブジェクト指向設計の導入の問題点

1. 習得に時間がかかる。
2. モデルをレビューするには訓練が必要。
3. 最初から良いモデルにするのは難しい。
4. モデルの抽象化にとらわれて制約条件をクリアできない。

　モデルの抽象化にとらわれて制約条件がクリアできないとう問題については、次節以降で詳細に検討しますが、それ以外はエンジニアの努力、または経験者の指導で何とかなる問題です。C++のようなオブジェクト指向言語を使わなくても組込みシステム全体をドメイン分割しドメイン同士の依存関係が最小になるようなインターフェースにできれば、ドメインの内部構造については徐々に改善するというアプローチを取ることもできます。

　対象となる組込みシステムがどの程度、リアルタイム性能を要求されており、どの程度スループット要求を求められているのかを考慮し、必要となる技術を習得することが重要です。

　組込みシステムに課せられた制約条件（CPUパフォーマンス、ROM/RAMの容量、リアルタイム性能など）をクリアできるのならば、責務の明確化技術の習得は組込みソフトエンジニアの負担を軽くすることに大いに役立ちます。

　不具合が発生したときにも素早い対応ができ、モジュール単位の再利用も楽に行うことができます。また、設計の方針やコンセプトが見えるようになるので、追加、修正作業によって新たなバグを作り込むようなことがなくなります。これらのメリットはシステム全体の品質をアップすることにも貢献します。

　ただ、繰り返しますが組込みシステムに対してオブジェクト指向設計を適用させるときは、モデルの抽象化にとらわれて組込みシステムの制約条件をクリアできなくなっては元も子もありません。あくまでも組込み製品の価値を高め、顧客満足度の向上に貢献するための取り組みにならなければいけません。

　リアルタイム要求とスループット要求のバランスが商品によってどのように変わるかを図2.12に示します。

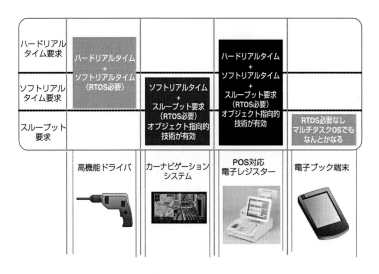

図2.12　リアルタイム要求／スループット要求の違い

　例えば、高機能電動ドライバは、モーターのコントロールなどのハードリアルタイムの機能の他、バッテリの充電制御やLEDライトの点灯など、ソフトリアルタイムの機能が要求されています。特定の用途に使われる機器であり、スループットが要求されるような多様な機能もなく必ずしもオブジェクト指向設計のアプローチは必要ではありません。

　カーナビゲーションシステムは、数十マイクロ秒オーダーでのリアルタイム性能を求められることはありませんが、画面表示、キー入力、ネットワーク連携などの機能が要求されるため、ソフトリアルタイムの実現のためにリアルタイムOSが、スループット要求を実現するためにオブジェクト指向設計技術が有効になります。

　POSシステム対応の電子レジスターは、プリンタ制御から、画面表示、キー入力、ネットワーク対応などリアルタイム要求、スループット要求と幅広い範囲での対応が必要なため、リアルタイムOSの技術も、オブジェクト指向設計の技術も必要になります。

　個人用の電子ブック端末は、パソコンをコンパクトにしたような機器であり、パソコンと同じようにスループット要求を満たすように設計されています。

　このように、組込みシステムによっては、求められるリアルタイム性能や、スループット要求の強さ、バランスが異なります。組込みシステムに求められる機能・性能を十分に理解した上で、責務の明確化の技術を習得することが重要です。

2-3　機能的分割と時間的分割のすり合わせ

分割したモジュールに対するリアルタイム要求の違い

組田■佐藤君、モジュール分割の改定案を作ってきたから見てくれ。

佐藤■文字列の展開とビットマップの展開を2つに分けたんですね。

組田■印刷データ展開と文字列展開、ビットマップ展開はリアルタイム性が要求されていないから責務を明確にして分割したのさ。この3つのモジュールはリアルタイムOSにも依存していないからパソコンで動作を確認できるし他のシステムにも利用しやすいだろ。バーコード展開も後から追加できる。

佐藤■ソースコードを書きながらモジュールを作っていくと、こういう分割はなかなか思いつかないですね。機能を分析してから、実装に着手しないといけないっていうことですか。

組田■そうなんだ。今回はいきなりサーマルプリントのコードを書いてもらったけど、次回からは限定された機能でもどのようなモジュール構成にするかを分析しレビューしてからコードを書き始めた方がいいね。

　組込みシステムでは機能的分割を行った後で時間的な要求について見直すことは重要です。次ページの図2.13におけるリアルタイム要求について再確認します。

　まず、データ転送・ストローブタスクは正確な2ms定期周期（50μs以下のブレまでなら許容する）で起動される必要があります。2msのタイマー割り込み発生から、タスクが起動されるまでの応答時間に制限はありませんが、応答時間が一定であることと、タスクで行う処理が2ms以内に終了することを求められています。データ転送・ストローブタスクはハードリアルタイム処理であり、タスクの優先度は高くしておかなければなりません。

　次に、ラインデータ転送タスクはデータ転送・ストローブタスクよりも優先度は低いものの、プリントマネージャが展開したデータを2ms以内にラインバッファに転送を完了することを要求されています。

　最後にプリントマネージャは、文字列の展開や社名ロゴなどのビットマップのデータ展開が終了してから、時間制約の強いラインデータ転送タスクやデータ転送・ストローブタスクを起動すればよいので優先度は低くても大丈夫です。文字列や社名ロゴなどを印刷し終わった後は数百msの紙送りの時間がありますから、この間に次の文字列やビットマップデータの展開が終わっている必要があります。

　ラインデータ転送タスクやデータ転送・ストローブタスクだけでCPUのパフォーマンスが100%を越えていたら文字列やビットマップデータの展開を行う時間がなくなってしまいシステムは破綻します。しかし、多くの場合はリアルタイム要求の強いドライバタスクの仕事の空き時間で、スループット要求のアプリケーションタスクの処理をこなすことができます。リアルタイム要求の強いタスクを処理した後の空き時間があり、その空き時間を使って残りの処理に優先度をつけてこなしていけば、システムは破綻しません。このときCPUのパフォーマンスが十分に高くタスクスイッチングなどのオーバーヘッドが小さければ組込みシステムのレスポンスは早くなり顧客満足度を高めることができます。

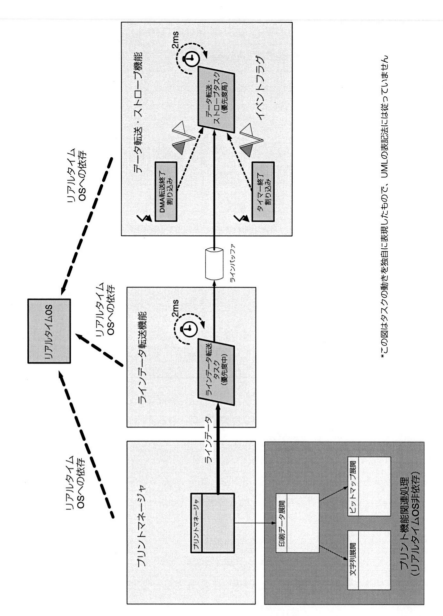

図2.13　リアルタイムOSの依存と非依存（この図はタスクの動きを独自に表現しており、UMLの表記法にはしたがっていません）

　表2.2に要求品質と分割したモジュール、技術的難易度、技術者の満足度の関係を示します。ラインデータ転送タスクとデータ転送・ストローブタスクは、レシートを印刷したいという要求のうち、印刷の解像度や濃さ、表現の正確性に寄与しています。解像度、濃さ、表現の正確性はレシート印刷の品質に大きな影響を与えるため重要度が◎であり、リアルタイム性能の実現性が高く組込み技術的難易度も高いため達成できたときの満足度は最高のポイントになっています。

表2.2　要求品質と分割したモジュールとの関係

要求品質（顧客満足）				モジュール分割		技術的難易度・満足度		
1次	2次	3次	重要度	要求を実現するソフトウェアモジュール	機能実現との関連	性能実現との関連度 組込みソフト技術者の満足度（重要度×難易度）5段階	組込み技術的難易	達成できたときの
レシートを印刷したい	文字や絵を印刷したい	印刷対象の生成・分解	○	プリントマネージャ	高	低	低	2
				レシート	高	中	中	4
				文字列展開	高	低	中	3
				ビットマップ展開	高	低	中	3
	きれいに印刷したい	印刷の解像度・濃さ・表現の正確性	◎	プリントドライバ	低	高	高	5
				データ転送・ストローブドライバ	低	高	高	5

　一方、印刷対象の生成・分解に関わるモジュールは機能実現との関連は高いものの、リアルタイム性能の実現との関連は低いため組込み技術の難易度は中であり、達成できたときの満足度も5段階中3になっています。

　組込みソフトエンジニアのモチベーションは、実現したいユーザーニーズを技術的な難しさを克服しながら実現し満足感を得ながら高まっていきます。ユーザーニーズを実現し、難しさを克服した喜びを得ることができれば、さらなる技術習得の動機に結びつき、新たなユーザーニーズを実現することができるでしょう（図2.14参照）。

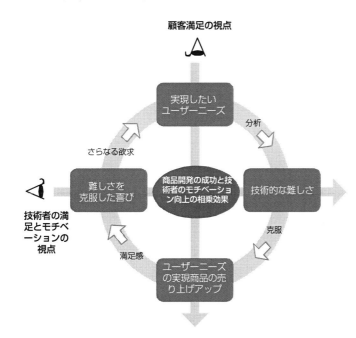

図2.14　モチベーションアップのサイクル

　組込みシステムに求められるリアルタイム要求を実現することができれば、多くの場合顧客満足度を高めることができます。しかし、組込みシステムに求められる要求が多様化した現在では、応答性に代表される性能実現に加えて応答性よりも情報の処理能力が重視された機能実現の達成しなければ顧客満足を高めることができなくなってきました。これにともない組込みソフト技術者の満足度やモチベーションもリアルタイム性能の実現だけでなく、機能実現に対してモチベーションを持って取り組んでいく必要が出てきています。組込みシステムに対するリアルタイム性能の実現と機能実現を別々のグループに割り当て最終的に統合するような開発体制を取る場合、機能実現を任されたグループはシステムの求められたスループット要求の機能を実現することになります。この際に気をつけなければいけないのは、組込み機器の有限な資源を考慮して機能実現を行わなければならないということです。

組込みソフト開発とモデリング

　ビジネス系のソフトウェアでオブジェクト指向設計を行う際にはユーザー要求を分析し、分析モデルから設計モデル、実装モデルと段階を踏みながらコードを生成するという手順を取ります。モデルの表記には UML を用います。ビジネス系のアプリケーションソフトウェアを開発する際には技術者がソフトウェアを一から作り直さなくて済むように、フレームワークと呼ばれる、それに当てはめていけば、出来上がっていくような枠組みが用意されています。

　では、なぜ組込みソフトウェアにはフレームワークが存在しないのでしょうか。それは、組込み機器ではパソコンのようにソフトウェアを構築するベースとなるプラットフォームを統一できないことと、組込みソフトは使用目的が多様で業種を越えた共通のフレームワークが作りにくいこと、CPUの能力がバラバラなために規模が大きく重いフレームワークを搭載することができないといった理由が根底にあります。

　ビジネス系のソフトウェア開発におけるオブジェクト指向設計では図 2.15 のようにユーザー要求をできるだけ抽象度の高いモデルで分析し、徐々に抽象度の低いモデルへブレークダウンしていきます。市場要求が変化しにくい組込みソフト開発においても同じ手法が適用できれば、抽象度の高いモデルの寿命を伸ばすことができます。設計したモデルがユーザー要求をよく反映し、変わりやすい部分と変わりにくい部分を分離できていれば、環境の変化にも追随することができ最小限の変更で対応することが可能になります。

　しかし、多くの組込みシステム開発では実装に近い性能要件の強い部分のアーキテクチャを検討せずに、抽象度の高いモデルからブレークダウンして設計を進めていくと、システムに課せられた制約条件（CPU パフォーマンスやメモリ制約）をクリアできないという事態になります。ビジネス系のアプリケーションソフトが動作するパーソナルコンピュータは、ソフトウェアを構築するプラットフォームとして非常に強い共通性と十分なパフォーマンスを兼ね備えています。

　一方、組込みソフトではそうかんたんにプラットフォームを共通化することはできず、ユーザーが組込み機器の内部の CPU プラットフォームの共通化を求めているわけでもありません。ユーザーは組込み機器を使って自分たちの生活をより豊かに、より暮らしやすいものにしたいだけであり、すべての組込み機器がパソコンのようにアプリケーションソフトを入れ替えて使えるようになることを望んでいるわけではないのです。

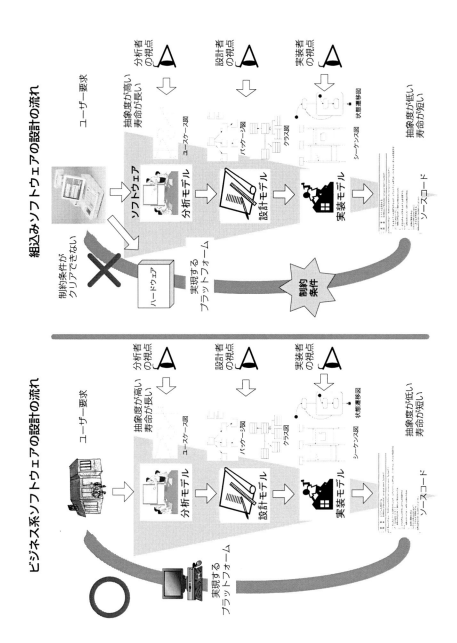

図2.15 モデルと組込みの制約

しかし、携帯電話やカーナビゲーションシステムのように、一部のアプリケーションソフトを入れ替えて利用する組込み機器も少しずつですが増えてきたのは事実です。ただし、だからといって、組込み機器全体のプラットフォームを統一することはできません。

組込み機器はリアルタイム性能や制約条件などがドメインによってバラバラなために、組込み機器が使われる市場、ユーザーニーズ、求められるコストなどを無視してプラットフォームを共通化したり、汎用的なフレームワークを用意することはできないのです。同じ市場に投入する商品群の中では、ドメイン共通のプラットフォーム、ドメイン共通のフレームワークを用意することは可能です。

機能的分割と時間的分割のトレードオフ

　組田が新人の佐藤に対して、電子レジスターシステムのドメイン構造図を説明しています。

組田■これが、俺が考えた次に開発する電子レジスターのドメイン構造だよ（図 2.16）。
佐藤■先輩、このドメイン構造図とてもわかりやすいんですが、本当にこれ一個の CPU でこなせる
　　　んですか。CPU パフォーマンスやメモリが足らなくなることはないんでしょうか。
組田■鋭い質問だな。でも、この前レシート印刷の処理については実現できることを実証したから、
　　　後は機能をタスクにマッピングして適切に優先度をつければ全体の機能を実現できるはずだ
　　　けど・・・
佐藤■自信がないんですね。
組田■正直言ってそうなんだ。このドメイン構造図はオブジェクト指向設計の 考え方をベースに
　　　機能的な分割を優先させて作ったから、時間制約の強い部分や全体のレスポンスが許容範囲
　　　かどうかちょっと心配なんだよ。でも、ある意味実際にやってみなくちゃわからない部分は必
　　　ずあるのさ。組込みのモデルは、機能実現と性能実現の視点を行ったり来たりさせないと最適
　　　な解は得られないということだよ。

ミドルレンジ電子レジスターのドメイン構造

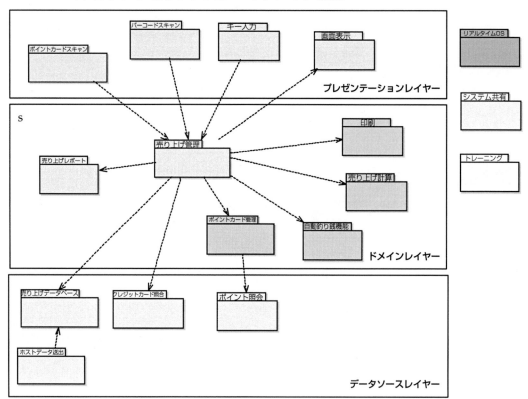

図2.16　電子レジスターのドメイン構造図

　全く新規の組込みソフトウェア開発をオブジェクト指向設計で一から始めオブジェクト指向設計でやりきろうとしたとき実装段階で行き詰まることがあります。開発が行き詰まる原因は与えられた資源が限られているにもかかわらず、機能分割している時点でリアルタイム性能やハードウェア制約について思慮が欠けたため、小さなオーバーヘッドの積み重ねが総合的に CPU のパフォーマンスを圧迫するような場合です。この状況は、リアルタイム要求のために取っておきたい CPU のパフォーマンスやメモリ資源をスループット要求に均等に割りつけてしまい、結果としてリアルタイム要求に回すぶんがなくなってしまったことから起こります。意図的にそうしているわけではないのですが結果としてスループット要求の機能に CPU 資源が多く割り当てていくと、リアルタイム性の強い要求が実現できなくなります。

　CPU 資源の割り当ては、リアルタイム OS のタスク優先度を適切に設定することで解決できるようにも見えます。スループット要求の強いモジュールを呼び出すタスクの優先度を下げてあげれば、優先度の高いタスクが先に動けるという考え方です。タスクの優先度を適切に設定すれば CPU 占有のプライオリティをコントロールすることができます。

　機能分割重視の設計指針がもたらす冗長性のオーバーヘッドはその 1 つ 1 つは小さくても何十、何百と積み上げられると、システムへ全体への影響が無視できなくなります。ROM や RAM の容量は絶対量ですからオーバーすればその時点でアウトです。CPU パフォーマンスはリアルタイム OS を使っていれば、優先度の高いタスクが先に動き、残り時間が優先度の低いタスクに割り当てられるため、スループット要求の処理は後ろに回されるだけで永遠に実行されないわけではありません。しかし、機能分割重視の設計指針がもたらす冗長性のオーバーヘッドは、リアルタイム要求を実現するドライバタスクやアプリケーションタスクにも降りかかるため、スループット要求の処理に回す空き時間を減少させる方向に働きます。その上で、リアルタイム要求の優先度が中程度の処理も遅れ気味になるため、最終的にはユーザーが機器に感じるレスポンスにまで影響を及ぼしてしまうこともあるでしょう。

　設計資産の再利用性を重要視したことで、商品の顧客満足度を下げてしまったのでは本末転倒になってしまいます。あくまでも顧客満足を高めるために設計資産の再利用性を高めるという考え方になっていないと競争力の高い製品は作れないのです。

組込み独自のデザインパターン

　図 2.17 の上段にレシート印刷に関係するクラス図があります。このレシートを印刷するというクラス図に、自動カッターデバイスを使ってレシートを切り離す機能を追加するとしたら、レシートの切り離しクラスはどのクラスと関連を持たせたらよいでしょうか。

　クラス単位での再利用を全く考えなければ、次ページの図 2.17 の中段のように、データ転送・ストローブクラスからレシート切り離しクラスを呼び出す構造にするという方法があります。レシート印刷が終わったタイミングを知っているのは、データ転送・ストローブクラスかラインデータ転送クラスです。そう考えると、データ転送・ストローブオブジェクト（インスタンス）がレシート切り離しオブジェクト（インスタンス）を駆動すればよいようにも思えます。この場合、データ転送・ストローブクラスとレシート切り離しクラスの間には関連が生れます。しかし、このレシート切り離しの機能をミドルレンジの電子レジスターだけでなく、ローエンドの電子レジスターでも再利用するとしたらこの関連はどうでしょうか。ローエンドの電子レジスターでは自動カッターデバイスの代わりに切り離し用のギザギザが付いていてオペレータが手でレシートを切るという場合もありま

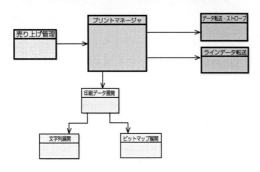

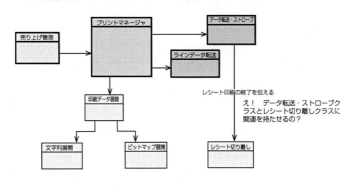

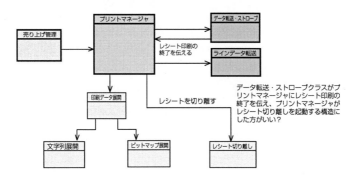

図2.17　関連の方向性を整理する1

す。このとき、ローエンドの電子レジスターにはレシート切り離しクラスは不要です。しかし、データ転送・ストローブクラスとレシート切り離しクラスが関連を持ってしまっているため、レシート切り離しを呼び出している部分のソースコードをコメントアウトするなどして修正しないといけません。

　これは構造上美しくないし、せっかく完成度の高いデータ転送・ストローブクラスができあがったのに、クラスに手を入れることになってしまいます。データ転送・ストローブクラスに修正を加える際に新たなバグが混入されないとも限りません。

　このような事態を避けるためには、図2.17の下段のようにレシート切り離しクラスはプリントマネージャクラスと関連を持つようにして、データ転送・ストローブクラスとの関係を解消しておきます。こうしておけば、データ転送・ストローブクラスはローエンドからハイエンドまでどの電子レジスターでも共通で使えることになり、機能の追加や削除はプリントマネージャが一括して請け負えばよいことになります。

　さて、一見この変更でクラス間の関連がすっきりしたようにも思えますが、次ページ図2.18の上段のように、データ転送・ストローブクラスからプリントマネージャクラスへプリント要素の印刷終了タイミングを知らせる構造となったため関連の方向性が双方向(相互依存)になってしまいました。プリントマネージャクラスはプリントの開始を知らせる役割と印刷用のラインデータの受け渡しする役割をデータ転送・ストローブクラスに対して果たす一方で、プリントが終わったら終了タイミングをデータ転送・ストローブクラスからもらわないと次に進めないため、このままではどうしても関連の方向性が一方向になりません。

　1つの解決として、図2.18の下段のようにプリントマネージャクラスがデータ転送・ストローブクラスを定期的にポーリングするようにしてプリントが終了したかどうかを常にウォッチするという方法があります。こうしておけば、データ転送・ストローブクラスからプリントマネージャクラスをアクセスする関連はなくなり関連の方向性を一方向にすることができるわけです。

　しかし、組込みシステムでCPUのパフォーマンスも限られている状況でオーバーヘッドが発生するポーリングを行った方がよいのでしょうか。リアルタイム処理を限られた資源で実施しようとしたときに基本コンセプトは「ポーリングはできるだけ使わない」、「まずは、イベント駆動を考えよ」です。そう考えると、文字列や社名ロゴを書き終わったことを知るのに、データ転送・ストローブクラスをポーリングするようになっているのは無駄に感じられます。このような状況を解決するためにオブジェクト指向設計では、図2.19（89ページ）の上のような構造をとることがあります。プリント要素の印刷が終了したタイミングを伝えるインターフェースクラスを作り、このクラスを実現する要素印刷終了タイミングクラスをプリントマネージャのパッケージ（ドメイン）に持たせます。データ転送・ストローブは派生したインターフェースクラスのオブジェクト（インスタンス）のアドレスを実体生成者から教えてもらい、プリントの終了タイミングはインターフェースクラスのメンバー関数を呼び出すので、プリントマネージャとの直接的な関係は切れているという考え方です。かなり複雑なパターンですが、こうすればクラス間の関連の方向性を一方向にすることができます。

　しかし、そこまで苦労するのなら、プリント終了のタイミングをリアルタイムOSのイベントフラグを使ってプリントマネージャに伝えた方が良いという考え方もあります。図2.19の下にあるようにこのイベント通知はリアルタイムOSの機能を使っているため、リアルタイムOSを仲介した機能実現になっています。データ転送・ストローブクラスが直接プリントマネージャを呼ぶような構造にはなっていないため、プリントマネージャの内部構造の修正にデータ転送・ストローブクラスが影響を受けることはありません。リアルタイムOSが、図2.19の上の実体生成者の代わりになり、インターフェースクラスの代わりにイベントフラグを使った格好です。このように、性能実現と機能的独立性のバランスを考えた場合、オブジェクト指向設計のデザインパターンをそのまま使うのではなく、組込みのドメインにカスタマイズしたパターンを組織で共有することも必要となります。

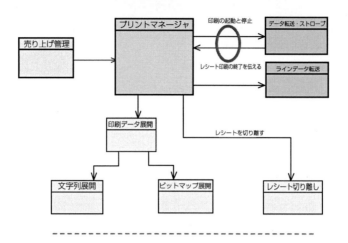

それでは、プリントマネージャが印刷の終了をポーリングする？

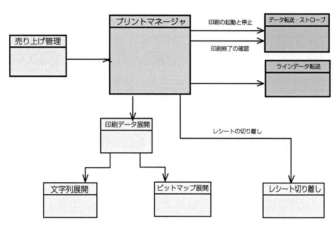

時間的資源が限られている状況でポーリングするのは無駄ではないか？

図2.18 関連の方向性を整理する2

インターフェースクラスを仲介させることで関連の方向性
（依存関係）をシンプルにできる

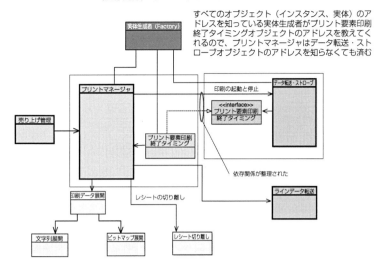

すべてのオブジェクト（インスタンス、実体）のア
ドレスを知っている実体生成者がプリント要素印刷
終了タイミングオブジェクトのアドレスを教えてく
れるので、プリントマネージャはデータ転送・スト
ローブオブジェクトのアドレスを知らなくても済む

資源を節約するためには、リアルタイムOSのシステムコールを使って
タイミングを知らせれば、オブジェクト同士がアクセスし合うことは
避けられる

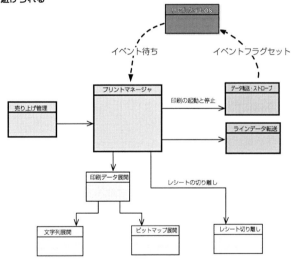

性能実現と機能的独立のバランスを考えてクラス構造を考えることが重要

図2.19　関連の方向性を整理する3

**イベントフラグを使うとイベントフラグを通じてモジュール間の
結合が強くなるという見方もある**

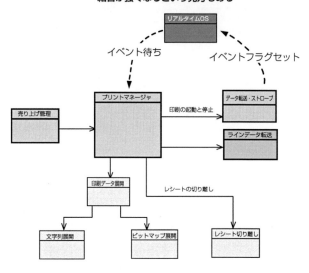

**総合的に考え、データ転送・ストローグオブジェクトがプリントマネージャ
オブジェクトの印刷終了通知関数を呼ぶという選択肢もある**

プリントマネージャクラスとデータ転送・ストローブクラスの関連は双方向にな
るが、プリントマネージャの名前と、プリントマネージャが持っている印刷終了
通知関数の名前（notifyPrintEnd）とその機能が変わらない限り、データ転送・ス
トローブクラスを修正する必要はない

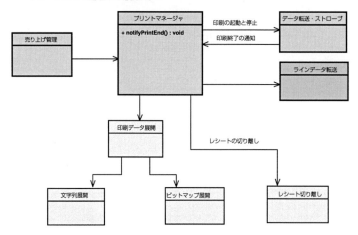

図2.20　関連の方向性を整理する4

　しかし、さらによく考えると、イベントフラグを使ったイベント通知を行うと、データ転送・ストローブクラスのオブジェクトとプリントマネージャクラスのオブジェクトはイベントフラグを介在して結合してしまっていると見ることもできます（図 2.20 の上参照）。第 1 章でも解説したように、イベントフラグはイベントフラグを通じてモジュール同士が結合しやすいという問題を持っています。このイベントフラグのマイナス要因と、これまで検討してきた関連の方向性（依存関係）の整理のパターンを考慮して、前ページ図 2.20 の下のように、データ転送・ストローブオブジェクト（インスタンス）が、プリントマネージャの notifyEndOfPrint() 関数を呼んでプリント終了タイミングを知らせるという方法を選択することもできます。こうすると、データ転送・ストローブオブジェクト（インスタンス）は、プリントマネージャの存在と notifyEndOfPrint() の存在を知ることになり、関連の方向性が双方向の関係になってしまいます。しかし、プリントマネージャクラスのクラス名と notifyEndOfPrint() の関数名が今後も変わることがなければ、プリントマネージャが入れ替わったとしても、データ転送・ストローブクラスを修正する必要はありません。プリントマネージャクラスとデータ転送・ストローブクラスがペアで使われることがわかっていて、データ転送・ストローブクラスの修正がほとんどないなら、タイミングを知らせるためのアクセスは非常に弱い関連（依存）であると考えることができます。関連の双方向性を整理する方法はいくつもありますが、組込みソフトエンジニアのオブジェクト指向設計の習熟度や組込みシステムを取り巻く環境をよく考えて、最良のモデルを選択する必要があるということです。組込み機器の商品群の中で再利用するモジュールの場合、汎用性を追求しすぎずにリーズナブルなモジュール結合関係を考えることが大事なときもあります。

2-4　組込みソフト構造の最適化

組込みソフト開発を成功させるには視点を行き来させる

　クラス間の関連の方向性（依存関係）を整理する考え方について検討してきましたが、もう少し視点を高くしてクラスをグルーピングしたドメイン間の依存関係を整理することも大切です。ドメイン間の依存関係の整理もクラス間の依存関連の整理と同様に、組込みシステムの資源の制約と再利用性のトレードオフでどこまで関係を整理していくか判断するべきです。

　CPU の性能は時間とともに確実に上昇し、性能に対してコストパフォーマンスも改善されているため、次の開発では新しい高性能の CPU を選択することができる可能性が高くなります。このとき、CPU や OS が変わっても、最小限の変更で構築した再利用可能なソフトウェア資産を継承できるようになっていれば、ソフトウェアの品質を維持したまま新たなユーザー要求を受け入れることができきます。

　また、組込み機器では CPU パフォーマンスや ROM/RAM の容量などの制約条件があるため、性能を取るか再利用性を取るか、時間的分割を優先するか機能的分割を優先するかといったトレードオフが必ず発生します。

　組込み機器を開発する際に設定したトレードオフの判断基準は、次の製品の開発時に変わることはよくあるものです。それは、年を追うごとに新たなハードウェアデバイスが開発され、CPU の性能が上がっているからです。したがって、一度トレードオフに使った判断基準は、常に見直す必要があります。

　この判断基準の見直しを性能実現と機能実現という 2 つの軸で考えてみましょう。性能実現に力点を置くと組込み製品の基本要件を満たすことはできますが、ソフトウェアの構造が見えにくくなります。一方で、機能実現に力点を置くとソフトウェアの構造は見えやすくなりますが、制約条件から製品の基本要件が満たせなくなることがあります。また、すり合わせでソフトウェアを作り込むと最適解を導き出せますが、システムが複雑になりがちです。さらに、組み合わせでソフトウェアを作るとモジュール間の結合は弱くなりますが、機能と性能が最適にならない場合があります（表 2.3 参照）。

表2.3　組込みソフトウェアのトレードオフ

いろいろなケース	Good！	No Good！
性能実現に力点を置くと	製品の基本要件を満たせる	ソフトウェアの構造が見えにくくなる
機能実現に力点を置くと	基本性能を満たせなくなることがある	ソフトウェアの構造が見えやすくなる
すり合わせでソフトウェアを作り込むと	最適解を導き出せる	システムが複雑になりがち
組み合わせでソフトウェアを作ると	ソフトウェアのキレがよくなる	機能と性能が最適にならない

コラム──組み合わせ開発とすり合わせ開発

　コンピュータ搭載機器は、コラム図2.3のようなモジュラー型の機器とインテグラル型の機器に分類されると言われています（日本のもの造り哲学）。モジュラー型とはパソコンシステムのように機能とサブシステムが一対一になっているシステムです。演算とパソコン、映写とプロジェクター、印刷とプリンタといった機能とサブシステムが一体一でサブシステム同士の結合度は疎になっています。一方、インテグラル型とは、自動車のように機能とサブシステムが一対多になっており、機能とサブシステムが複雑に絡み合っています。走行安定性という機能は、サスペンションだけでなく、ボディやエンジンなども絡み合ってその商品価値を実現しています。乗り心地や燃費も乗り心地と同様に各サブシステムと絡み合っています。

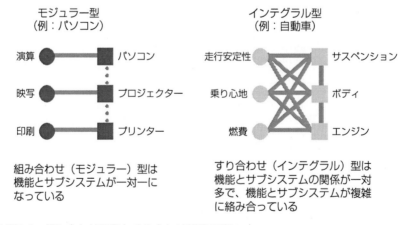

モジュラー型
（例：パソコン）

演算　パソコン
映写　プロジェクター
印刷　プリンター

組み合わせ（モジュラー）型は機能とサブシステムが一対一になっている

インテグラル型
（例：自動車）

走行安定性　サスペンション
乗り心地　ボディ
燃費　エンジン

すり合わせ（インテグラル）型は機能とサブシステムの関係が一対多で、機能とサブシステムが複雑に絡み合っている

コラム図2.3　組み合わせ開発とすり合わせ開発の違い

　ソフトウェアの信頼性という観点から見ると、機能とサブシステムが絡み合った状態になっているのは結合テストとしての検証がしにくいだけに不利です。しかし、パソコンシステムと自動車で比較すればわかるように日本の組込み産業が強いのはインテグラル型の機器です。組込みシステムではプラットフォームを共通にするのが難しいので、ほとんどの機器がインテグラル型であるといってもい

いかもしれません。

　ところが、数百万行を超える規模のソフトウェアを搭載する組込み機器の登場で、組込みシステムとはいえどもプラットフォームを共通化しようという動きも出てきています。そのねらいは、プラットフォームを共通化して開発効率を上げなければ商品デリバリーのサイクルを短縮することができないという理由もあります。

　第1章では組込みソフトの時間的な性能要求の実現を、第2章もここまでは機能の組み合わせで要求を実現するための方法を解説しました。しかし、機能的要求に対しても組み合わせだけでなく、すり合わせによる要求実現を実施しなければいけないことがあります。

　ユーザー要求を、単独の機能だけでなく複数の機能の総合力で実現している例として自動車における乗り心地や走行安定性、燃費の向上といった要求があります。乗り心地や燃費はエンジン制御だけでなく、オートマチックトランスミッションや、サスペンション機能とも関係しています。乗り心地や燃費といった要求に対する最適解は、単一の機能ではなく複数の機能どうしのすり合わせ、総合的調整から生まれる成果です。このような複合的なすり合わせで実現している要求を機能分割的設計で実現しようと要求を十分に満たせないことがあります。最初から組み合わせだけで解決しようとすると、すり合わせなら実現できた最適解を導き出せない可能性が高いのです。

　何をどうすり合わせればよいのかという設計方針は組込みソフトエンジニアの頭の中にあるはずです。したがって、ユーザー要求と解決方法を熟知しているドメインスペシャリストの暗黙知をパターン化することができればすり合わせ部分をパッケージにしてそのパッケージを組み合わせて使うことはできるかもしれません。すり合わせによって実現している機能の変動部と固定部を分離し、変動部をパラメータ化して、明示的なモデルにすることができれば、すり合わせ部のパッケージ同士のすり合わせも調整がやりやすくなります。調整が必要な部分と必要のない部分を分離し、どこを調整すべきか明確にするということです。これが成功すれば、暗黙のまま受け継がれてきたノウハウを明示化することができます。すり合わせ開発のノウハウを明示化することは、単にひとりの技術者の暗黙知を明示化するということだけではありません。ひとりのエンジニアでは把握しきれないほど拡大した複合機能に対してプロジェクトチームとし要求実現に取り組めるようにするために必要なプロセスなのです。

　機能実現と性能実現のトレードオフを、機能分割優先ビューと時間分割優先ビューというシステム分割の視点で眺めると、次ページの図2.21のようになります。

　レシート印刷ドメインの内部構造とリアルタイムOSで分割したタスク構造およびリアルタイムOSとの依存関係は当初、リアルタイムOSを使い時間的制約の強いラインデータ転送タスクやデータ転送・ストローブタスクを抽出し、その後レシート印刷に関する機能を責務を考えながらクラス（C言語なら同じ役割の関数グループ）に分割しました。このように、組込みソフトエンジニアは時間分割のビューと、機能分割のビューの両方の視点を持って組込みソフトを設計しなければなりません。開発する製品によっては、先に機能的分割を考えた方がよい場合もあるし、また制約条件が厳しい場合には時間的分割を先に考えた方がよい場合もあるでしょう。また、既存製品の実績から時間分割についてあらかじめあたりが付いている場合もあります。組込みソフトエンジニアは、機能分割優先のビューと時間分割優先のビューの両方を行ったり来たりしながら設計を進めなければならないのです。表2.3「組込みソフトウェアのトレードオフ」のように、時間分割を優先すれば性能実現に有利ですがソフトウェアが見えにくくなるし、機能分割を優先するとソフトウェアは見えやすくなり再利用性も増しますが、性能を実現できないことがあります。組込みソフトエンジニアは2つの視点を持って柔軟なバランス感覚を身につける必要があります。

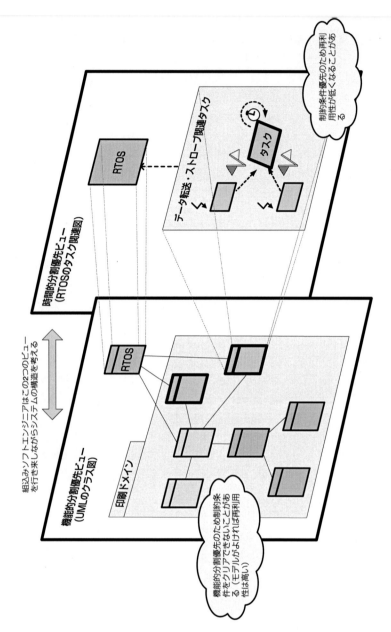

図2.21　機能分割優先ビューと時間分割優先ビュー

　業務ドメインや製品、市場環境によっても、そのバランスポイントは異なるため普遍的な解はありません。また、CPU や周辺デバイスの技術革新によって日々制約条件は変化しています。したがって、組込み製品を取り巻く環境が変化しなくても、新しい CPU や周辺デバイスを採用することでバランスポイントは動いていくのです。

　CPU の性能が向上しても CPU メーカーの生産プロセスの改善で CPU の生産効率が上がり価格が据え置かれたり、下がったりすることもあります。また、メモリは黙っていても容量の低いものから高いものに置き換わっていきます。CPU の性能の向上やメモリ容量のアップは、性能実現重視から機能的独立性重視へバランスポイントを移動させる要因となります。

　使用するハードウェアデバイスの性能が向上したとき、要求仕様が増えたときなど、製品の周りの環境が変化したとき、バランスポイントをどこに移動すればよいか、または、移動しなくてもよいかはどうすれば決定できるのでしょうか。

　それは、現在のソフトウェアシステムの時間分割、機能分割がどのようなポリシーで、どのようなコンセプトで行われていたのかを説明できるようになっていれば自ずと答えは得られるはずです。

　性能実現と機能的独立のバランスポイントは、組込みソフトウェアシステムの全体を把握しているアーキテクト[1]が判断するか、もしくはアーキテクトがどのようなコンセプトで時間分割、機能分割を行ったのかを説明し、プロジェクトメンバーでディスカッションして最適な点を探ります。このとき、忘れてはならないのがバランスポイントをずらした結果、顧客満足を下げることになっていないかどうかを確認するということです。

　組込みソフトエンジニアは第1章で解説したようなリアルタイム性能重視の設計だけができればよいわけではありません。また、オブジェクト指向設計のような機能的分割重視の設計だけができればよいわけでもないのです。顧客満足に照らし合わせたときにどちらにどれだけ力点を置くか、限られた資源をリアルタイム要求とスループット要求に対してどのように配分するかを判断できるようにならなければいけないのです（図2.22 参照）。

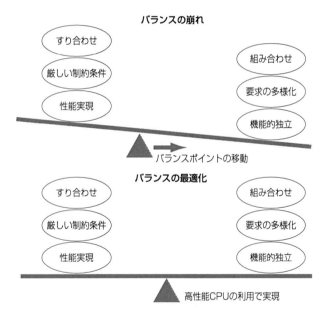

図2.22　バランスの最適化

　大規模化した組込みシステムにおいては、システム全体を俯瞰しながら設計を進めることも重要です。図2.21 のように、システム設計フェーズにおいては電子レジスターシステム全体の構造を分析し、レイヤーを意識しながら責務を持ったドメインを分割し、詳細設計フェーズにおいてはコアとなるドメインの責務における性能実現を確認しながら、ドメイン内のクラス構造を考えます。

　機能的な分割と時間的な分割が十分にできるようになれば、組込みシステムをユーザーニーズに

1　アーキテクト：アーキテクトとはシステムに求められている要求と制約条件を熟知し、制約条件をクリアしながら、パフォーマンス、生産性、信頼性、拡張性などを確保し、求められた要求を実現する枠組み（アーキテクチャ）を考える人のことを指します。

最適化しながら、開発効率と品質を向上する組込みソフトエンジニアのアーキテクトに近づくことができます。組込みアーキテクトがこのような設計の仕方を進めることができるようになると、経験を積むにしたがって組込みシステムの全体を俯瞰しながら、どこが性能実現のツボであるかを見極めることができるようになります。また、レビューしたダイアグラムを残していけばアーキテクチャのノウハウを明示的に継承することも可能になります。

コラム──パイプラインとキャッシュ

　パイプラインやキャッシュを搭載したCPUを使う場合、これらの機能を十分に使えたときと使えなかったときの差が歴然としているため、プログラマがCPUのアーキテクチャを意識してキャッシュにヒットしやすい、パイプラインが切れにくいプログラムにしようとするケースがあります。キャッシュやパイプラインの効果を高めるために、割り込みをやめて、全部ポーリングでプログラムを書くということもあるかもしれません。

　このようなときに考えておかなければならないのはCPUを変えたりコンパイラを変えたり最適化のオプションをON/OFFしたりすると思い通りのアセンブラコードに落ちず意図しない動きになる可能性もあるということです。一般的にはCPUアーキテクチャやキャッシュへの依存はドライバレベルで吸収するため、アプリケーションには影響が及ばないのですが、アプリケーションにまでCPUアーキテクチャを意識した作りにしてしまうとソフトウェアの寿命が短くなってしまうかもしれません。

　また、頻繁に割り込みが入るようなプログラムではパイプラインの特長を活かせない場合もあります。時間制約に対して動作を保証しなければいけない場合や、イベントドリブンで機能の独立性を高めたいシステムでは避けた方がよいでしょう。スループット性能が格段に高い場合でも、ハードリアルタイムを保証できるのかどうかについては検証しておく必要はあります。

競争力の高い組込み機器の開発

　これまでの日本の組込みソフト開発では性能実現を重視し、すり合わせ的な開発を行い、要求品質の最適解を得ることで、競争力の高い製品を作ってきました。今でも、ソフトウェアの規模が小さいため、技術者依存のすり合わせ開発で乗り切れると考えている組織があるかもしれません。または、これまですり合わせ的な開発したことしかなく、ソフトウェア開発の規模が拡大しても、他の開発手法をとった経験がないため、技術者依存ですり合わせ的な開発しかできないという状況もあるでしょう。しかし、今後ユーザーの用途が多様化する中でどのような業務ドメインであってもソフトウェアの規模が小さいままで済むことはほとんどないでしょう。小規模なハード・ソフトのモジュールがネットワークでつながっているようなシステムでも、コストダウン要求や利便性から、機能のグルーピングが進み、ソフトウェアの開発規模が大きくなる可能性は十分にあります。

　そうなると、ソフトウェアの規模が拡大したためにすり合わせ的な開発が破綻し始め開発効率が上がらない、出荷後に不具合が発生するという状況が増えると考えられます。このような状況はバランスポイントの観点から見ると、性能実現・すり合わせ開発に力点がかかりすぎているという状態です。商品の競争力を落とさずに開発効率や品質を高めるためには、性能実現・すり合わせ開発から、機能実現・組み合わせ開発の方にバランスポイントを移動させる必要があると考えられます。しかし、極端に組み合わせ開発側にシフトしてしまうと制約条件をクリアできなくなるため、制約条件と機能的独立のトレードオフを行い、良いバランスポイントを見つけなければなりません。制約条件をクリアできず顧客満足を下げてしまったのでは意味がありません（図 2.23 参照）。

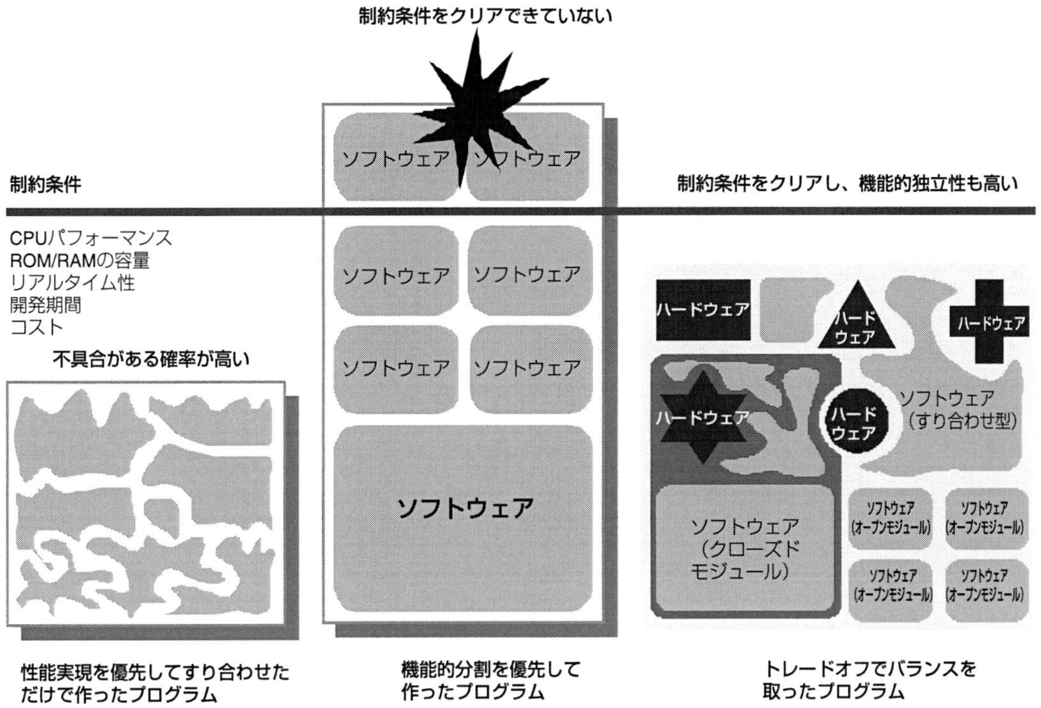

制約条件をクリアできていない

制約条件

CPUパフォーマンス
ROM/RAMの容量
リアルタイム性
開発期間
コスト

制約条件をクリアし、機能的独立性も高い

不具合がある確率が高い

ソフトウェア
ソフトウェア

ソフトウェア
ソフトウェア

ソフトウェア
ソフトウェア

ソフトウェア

ハードウェア
ハード
ウェア
ハードウェア

ハードウェア
ハード
ウェア

ソフトウェア
（すり合わせ型）

ソフトウェア
（クローズド
モジュール）

ソフトウェア
（オープンモジュール）
ソフトウェア
（オープンモジュール）

ソフトウェア
（オープンモジュール）
ソフトウェア
（オープンモジュール）

性能実現を優先してすり合わせた
だけで作ったプログラム

機能的分割を優先して
作ったプログラム

トレードオフでバランスを
取ったプログラム

図2.23　制約条件をクリアしながら最適化を図る

　性能実現・すり合わせ開発のスキルは理論的学習よりも先輩から後輩へのOJT（On the Job Training）による経験的学習で得られることが多いと考えられます。一方で、機能実現・組み合わせ開発のスキルは上司や先輩がそのスキルを身につけていないのならば、OJT以外の方法で習得するしかありません。この機能実現・組み合わせ開発のスキルを習得する方法に慣れていない組織やプロジェクトは、多様化する要求に対して効率的な開発が実施できず、出荷後の不具合を押さえきれないことが多いようです。

　組込みソフト開発で最適解が見つけにくい原因は、機能実現・組み合わせ開発のスキル習得が単純なOJTでは難しいことと、性能実現・すり合わせ開発のノウハウがエンジニア個人の暗黙知になっておりプロジェクト内で技術が明示的に共有できていないところにあります。組込みソフトエンジニアの暗黙知のすべてを明示化するのではなく、設計のコンセプトやポリシーが明確になっていることが求められます。

　概念的には「人に依存していることを認識しつつ、人に依存しすぎない仕組みを作ること」が組込みソフト開発を成功させ、競争力の高い製品を作り上げるこつになります。

　技術的には、時間分割と機能分割の理論と実践を学び、それぞれのメリット・デメリットを把握した上で、対象となる組込みシステムを機能実現と性能実現の両面から分析し、バランスポイントをどこに置くべきかを判断します。

　このとき時間分割の技術だけを身につけていても、機能分割の技術だけを身につけていても最適解を得ることはできません。両方の技術のエキスパートとなるか、それともそれぞれの技術を身につけたメンバーがディスカッションすることで最適解を得られるような環境を用意する必要があります。

　性能実現・すり合わせ開発重視のエンジニアと、機能実現・組み合わせ開発重視のエンジニアは
それらのスキル学習の過程の違いからポリシーが対立し、相容れない議論になることがあります。そ
のような議論を収束するためには、製品に求められる要求品質と制約条件、顧客満足の関係につい
てきちんと理解し、どこにバランスポイントを置いて何をトレードオフするのかを説明できるよう
にすることが重要です。

第**3**章

再利用の壁を越える

3-0　体系的な再利用を成功させる

　ソフトウェアの再利用、それは誰もが認める基本的なソフトウェア開発効率向上施策の1つです。おそらく、ソフトウェア技術者なら過去に作った自分のソフトウェアの一部を利用したり、他人の作ったソフトウェアモジュールを利用するといったことを日常的に行っているでしょう。しかし、個人が把握できている範囲での再利用には限界があります。ソフトウェアの規模が増大し、ユーザー要求が多様化した今日では、ソフトウェアを体系的に再利用する必要があります。

　体系的なソフトウェア再利用戦略であるソフトウェアプロダクトライン（Software Product Lines）は、カーネギーメロン大学ソフトウェア工学研究所（SEI：Software Engineering Institute）が長年研究を進めており、本書でもソフトウェアプロダクトラインの考え方を使って体系的な再利用の具体例について解説をします。

　日本の組込み機器開発とソフトウェアプロダクトラインは相性が良いと考えられます。なぜなら、日本の組込み機器開発では現行製品に改良を加えた商品を同じ市場に次々と市場に投入していくという流れがコアとなる再利用資産を使って派生開発を行うソフトウェアプロダクトラインのアプローチと似ているからです。ただし、カーネギーメロン大学ソフトウェア工学研究所で研究しているソフトウェアプロダクトラインは、組織全体で取り組むトップダウンの施策であり、これまで現場主導のすり合わせ的な手法で組込み機器や組込みソフトウェアを開発してきた日本の組織、組込みソフトエンジニアにとってなじみにくい取り組みであることも事実です。

　体系的な再利用の実現とは、組織内の各セクションで保有しているソフトウェア資産とそのノウハウを出し合って、もしくは共通コア資産を再開発して共有し、共有した再利用資産を使ってそれぞれのセクションが派生開発を行うことを意味します（次ページ図3.1参照）。

　これまで部門内で自分たちが必要なソフトウェアモジュールを自分たちが作りやすい方法で作り、自分たちの製品に最適になるようにすり合わせ開発を行ってきたプロジェクトは、全体最適のために用意されたコアとなるソフトウェア資産をベースに派生開発を行うことになります。このような再利用開発が実現すればそれまでのすり合わせ開発に比べて開発効率は飛躍的に向上しますが、

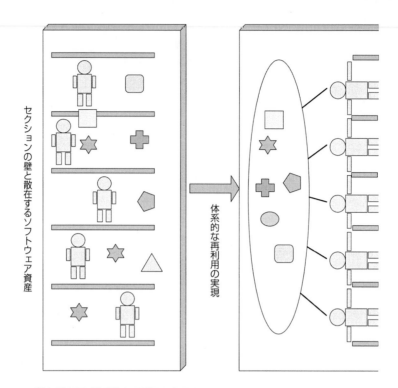

図3.1　セクションの壁を引き下げ体系的な再利用を実現する

エンジニアにとってはすべての機能を自作し、機能、性能が最適になるようにすり合わせるという楽しみを失うかもしれません。また、開発の現場はすでにソフトウェアへの要求が増大したためにすり合わせ開発が破綻していることを認識していても、プロジェクトマネージャやセクションのリーダーがプライドやセクショナリズムから他の部門で作ったソフトウェア資産を使いたくないと思うこともあるでしょう。

　本書の第3章、第4章が「再利用の壁」、「品質向上の壁」と乗り越える対象が壁なっているのは、組込みソフトウェアの再利用と品質向上を実現するためには、個人の努力ではなくプロジェクトや組織単位での取り組みが必要だからです。体系的な再利用を実現するには、再利用のソフトウェア技術だけでなく組織運営、プロジェクト管理の技術も必要です。これらの技術、施策は組織的にトップダウンで実行していくことが理想です。しかし、いきなりトップダウンで実現することが難しい場合は、パイロットプロジェクトを立ち上げ、プロダクトラインの考え方を理解したプロジェクトメンバーだけで試行してみるというボトムアップのアプローチも可能です。ボトムアップアプローチを取る場合は、再利用資産を作る過程や、再利用資産を利用した派生開発にどれだけの工数や費用、期間がかかったのかを克明に記録を取っておく必要があります。後にそのデータを整理し、どれくらい開発効率が向上したのかを示すことができなければボトムアップアプローチから組織全体へプロダクトラインの考え方を展開することは難しいでしょう。

　組込みソフトエンジニアが体系的なソフトウェア再利用戦略の技術を身につけプロジェクトや組織と一体になって、活動を推し進めることができれば、組込み商品の顕在的な価値と潜在的な価値の両方を同時に高めることができ、顧客満足を高め、商品競争力を向上させることができます。組込みソフトエンジニアは、自作のソフトウェアをすり合わせる閉ざされた楽しみではなく、プロジェクト

や組織全体で顧客満足が向上できたことに喜びを感じるように考え方をシフトしなければなりません。

　再利用可能な資産を抽出し管理する過程で、組込みエンジニアはさまざまな壁を乗り越えなければいけませんが、それらの壁を乗り越えることで、部門内において技術経営的な経験を疑似体験し、自分自身のキャリアパスの可能性を広げることができるでしょう。

3-1 場当たり的な流用と体系的な再利用の違い

　ミドルレンジ電子レジスターグループでソフトウェアプロジェクトのリーダーをしていた立花秀樹は、半年前に東洋電子レジスターの京都本社に新設された特命プロジェクトに異動になった。その立花秀樹が、東京のミドルレンジ電子レジスター開発グループの現場に現れました。

立花■室井課長、お久しぶりです。組田も元気そうだな。

組田■立花先輩、突然現れてどうしたんですか。ぼくは何とかやっていますが、立花先輩がいなくなってから、苦労の連続ですよ。

室井■立花君、久しぶりだな。本社の特命プロジェクトにこもって何をやっていたんだ。

立花■実は、そのことで室井課長に相談があってやってきたんです。今、私がリーダーを務める特命プロジェクトでは来るべき IT ネットワーク社会に組織全体としてどう対応していくのかを検討しています。IT ネットワーク社会が実現した際に増大する組込みソフトウェアをいかに効率良く、かつ、高品質に開発するかについて研究しています。

　　いろいろ検討した結果、ソフトウェアの再利用技術と信頼性向上の技術を体系化して普及させる必要があるという結論に達しました。そこで、室井課長の率いるミドルレンジグループにパイロットプロジェクトになってもらい、我々の理論を実践して欲しいというお願いをしにきたわけです。

組田■それじゃあ、また立花先輩といっしょに仕事ができるんですね。

立花■組田たちには自立してもらわないといけないから、ぴったりくっついて仕事することはないよ。週１回のペースでこちらに顔を出せればいいと思っている。

室井■パイロットプロジェクトはいいけど、次の製品のリリースを遅らせていいわけじゃないんだろ。

立花■そうなんです。新しい開発スタイルにシフトしようとすると最初のうちはどうしても教育に時間がかかるし試行錯誤する過程が必要になります。でも、その点は私たち特命プロジェクトが組田たちをバックアップすることで製品リリースを遅らせないようにいっしょにがんばっていきたいのです。パイロットプロジェクトにミドルレンジ電子レジスターグループを選んだのは、室井課長や組田なら気心も知れているし、新しい開発スタイルについてこられるだろうと思ったからなんです。

組田■趣旨は理解した。だけど、ソフトウェアの再利用なんて、20 年前の俺の時代からやっていて特に目新しいことのようには思えないけどなあ。

立花■室井課長。課長がおっしゃっているのは、場当たり的な流用のことで、体系的な再利用とは別のものです。私たちが取り組まなければいけないのは、個人やプロジェクトレベルのソフトウェアの流用ではなく、市場と商品群を分析した上での組織全体における体系的なソフト

ウェア資産の再利用なんです。

　新しい製品の開発会議の際に、「その機能は前の製品で実現した実績があるから次の機種でもソフトウェアを流用すればいい」という会話を聞いたことはないでしょうか。流用は個人レベル、場当たり的であり、組織レベル、体系的、計画的な再利用とは異なり、その間には大きな差があります。

　◉流用：個人レベル、場当たり的

　◉再利用：組織レベル、体系的、計画的

　ここにソフトウェアを流用する技術者、マネージャと、再利用でなければいけないと考える技術者、マネージャの心理分析があります。

ソフトウェアを流用する技術者、流用を指示するマネージャの心理

1.　ソフトウェアは人と一対一である。人といっしょにソフトウェアはついてくる。人が変わらなければ機能はいつでも再現できる。
2.　ソフトウェアを作った人にわからないところを聞くことができれば別の人でもソフトウェアを継承できる
3.　ソフトウェアは機能別にソースコードがわかれており、ソースファイルをコピーしたり、ソースコードをカット＆ペーストしたりすれば、別のプラットフォームでも機能を再現できる。
4.　もとのプログラムに新しい機能のソフトを追加すれば、問題なく動く。
5.　新しい機能を追加してうまくいかなければ何かを削ればよい。
6.　うまくいかなかったら、そのとき考えればよい。

再利用でなければいけないと考える技術者、マネージャの心理

1.　ソフトウェアが作成者に完全に依存している状態はよくない。できるだけ暗黙知にならないようにしたい。人が変わっても機能を再現できるようにしたい。
2.　ソフトウェアを作った人はいつもそばにいるとは限らない。作者がいないソフトウェアを引き継ぐ際に、ソースコードを読み込まなければ手が入れられないという状況をなくしたい。
3.　ソフトウェアの機能を独立させ、かつ、性能を満たすソフトウェア技術は高度であり難しい。
4.　もとのプログラムに新しい機能のソフトを追加しても、問題なく動くようにするためには、ソフトウェアシステムの構築方法の工夫が必要。
5.　新しい機能を追加してもパフォーマンスがオーバーしないような努力をしている。新しい機能を入れて、別の機能を削るようなことはしたくない。
6.　うまくいかないことがわかった時点で対策しようとしてもどうにもならない。

　ソフトウェアを流用ではなく再利用しなければいけないと考える技術者、マネージャとはソフトウェアシステムの全体構成を考える人、機能、性能の実現に責任がある人です。組込みソフトエンジニアとしての技術を磨いていけば、ソフトウェアシステムやサブシステムの全体構成を考え、機能、性能の実現を任されるような立場にいつかなります。そのような立場になったとき、場当たり的な流用と体系的な再利用の違いについて自らが理解し、その違いを周りのエンジニアやプロダクトマネージャに説明できるようになることはとても重要です。

　かつて、組込みソフトエンジニアは製品に関わるさまざまな知識や技術を学びながらソフトウェアを試行錯誤で作っていました。そして、自分の作ったソフトウェアがうまく動いたことに喜びを感じ、ユーザーの使用環境を想定したランダムテストによって完成度を高めるというアプローチでソ

フトウェアを作っていました。次の製品を作るときも自分が作ったソフトウェアに自分が機能を追加するという閉じた世界での開発であるため、ソフトウェアが再利用しやすいように分離されていなくても特に不自由はありません。また、不具合が発生してもどこで何の機能を動かしているかをすべて自分が掌握しているので対処もスムーズにできます。完全すり合わせ型の一子相伝的組込みソフトウェア開発のスタイルです。

　この開発スタイルは必ずしも悪い方向にだけ転ぶわけではありません。それどころか、規模が小さい組込みシステムではハード、ソフトのバランスを最適化し、CPU の性能を最大限に引き出し、顧客満足の高い製品を作ることも可能です。問題の始まりは、要求が多様化し、ソフトウェアの規模が大きくなって、ひとりのソフトウェアエンジニアがシステム全体のソースコードを書けるレベルではなくなったときです。ソフトウェアを分割し、分業する必要が発生したとたんに、技術者間のコミュニケーションギャップがシステムに悪影響を与え始めます。「それは、こうするってわかっていると思っていた」、「こうするのが普通だろ」、「前もこうやっていたから、当然今回もそうだと思っていた」といった会話が交わされるようになります。自分の常識が他人にとっては非常識ということが意外に多いということがわかってくるのです。

　ソフトウェアの規模が 100 万行を超えるようになると、すり合わせ的な開発スタイルだけでは、機能、性能、品質の３つを同時に実現することが極端に難しくなります。プログラミングの経験のないマネージャであっても、100 万行クラスのソフトウェアプロジェクトを任されると「その機能は前の製品で実現した実績があるから次の機種でもソフトウェアを流用すればいい」とは言わなくなります。そのような、あいまいな対応で開発をスタートしても一歩も進まないことがすぐにわかってしまうからです。

　一番中途半端なのは、ソフトウェアが徐々に大きくなって数万行から数十万行程度の規模になってきたプロジェクトです。これくらいの規模なら、すり合わせと場当たり的な流用で開発を進めても、組込みソフトエンジニアが月 100 時間以上残業すれば何とか製品の形にすることはできます。しかし、破綻しかかっていることは間違いないので、もう少しだけ要求が増えるとエンジニアか製品のどちらかが倒れます。IT ネットワーク社会への対応というテーマは、組込みソフトエンジニアを破綻させ、組込みソフトの品質を下げるには十分な量の新しい要求です。

　ただし、人間の生活環境の中にコンピュータとネットワークが組み込まれユーザーがその存在を意識することなく、どこからでも利用できるという IT ネットワーク社会の到来は、見方を変えれば組込みソフト開発のやり方をシフトする良いきっかけになるかもしれません。

　これまで要求されてきた基本機能をクリアしながら、ネットワーク接続や無線 IC タグの読み取りなどを可能にし、組込み製品の品質を維持するためには、体系的な再利用技術と戦略が必要です。

　ソフトウェアの体系的再利用は、開発効率を高めソフトウェアの品質の高めることに役立ちます。しかし、古典的ともいえるソフトウェアの再利用アプローチは意外にも成功しないケースが多くあります。それは技術的な問題もありますが、プログラマの心理的な側面も原因の一端となっています。

　プログラマの心理的な側面からソフトウェア再利用が阻害されている点はどう解決していけばよいでしょうか。体系的な再利用に限らず新しい挑戦に対して消極的なエンジニアには２つのパターンがあります。1 つはプログラマにとって自分たちが昔から使っているツールや方法論で何も不自由しておらず、そこそこ高い生産性も持っていると考え、強い動機付けやトップダウンの指示がない

限り、自分の能力を伸ばそうという努力をしないパターンです。もう１つは、どんな新しい技術でも、それを導入しようとしたのが自分たちだと周囲から評価されなければ受け入れようとしないパターンです。この場合の技術者たちはしばしば現実から離れてしまっていたり、彼ら自身以外には誰にも何の役に立たなかったりするシステムを作り上げます。彼らを玉座から降りるようにし向けるのは大変な仕事です。

　プログラマの心理的な側面からソフトウェアの体系的な再利用が阻害されている場合は、ソフトウェアの体系的再利用を進めることがどのようにして顧客満足を高めることにつながるのかを知ることと、組込みソフトウェアは技術者個人で作るものからプロジェクト全体で作り上げるものに変遷していることを理解してもらう必要があります。また、新しい技術を導入する際には、人、物、金が必要となるため組織の上位層にも理解を得る必要があります。新しいソフトウェア技術の習得や導入が、製品の顕在的価値、潜在的価値を高め、顧客満足向上につながることを説明できなければ、プロジェクトチームメンバーと組織の上位層を同時に納得させることはできません。

　また、かつて技術者が感じていたものつくりの喜びは、個人的なものからチーム全体で感じるものにシフトし、顧客満足と技術者スキルをスパイラルアップさせていくことが組込みソフトエンジニアに求められています（図3.2参照）。

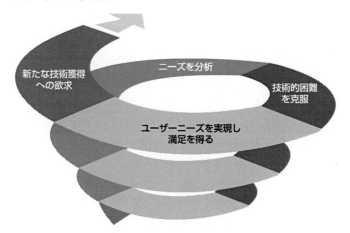

図3.2　顧客満足の向上と技術者のスキルのスパイラルアップ

3-2　マーケティングの重要性

組込みソフトエンジニアに求められているもの

　「組込みソフトエンジニアを極める」＝「組込みソフトのプロフェッショナルエンジニアとなる」と考えたとき、プロフェッショナルか否かの境目はどこにあるのでしょうか。

　ここに、きれいなソースコードを書くことを目的としているプログラマがいたとします。きれいというのは、読みやすい、独自のスタイルを貫いている、コーディングルールにしたがっている、適切なコメントが入っているなど、見方はいろいろです。

　ところで、ソースコードがきれいかどうかは、組込み機器のユーザーは認識できるでしょうか。組込み機器のユーザーは組込み機器に対して使いやすい、性能が高い、安全で信頼できるといったことを求めています。つまり、機器が使いやすい、性能が高い、安全で信頼できるという評価につながる

ようにプログラムを書く必要があるということです。

　組込みソフトエンジニアは自分の作ったソフトウェアが組込み機器に搭載され組込み機器が売れたことによる対価を得ることで生活をしています。組込みソフトウェアの対価の源泉は組込み製品の売り上げです。組織はユーザーに満足を感じてもらいたいと考えており、より多くの組込み製品がユーザーに受け入れられることを望んでいます。したがって、組込みソフトエンジニアはソースコードのきれいさやプログラムの美しさを、ユーザーの満足に結びつけることができなければいけません。作ったプログラムが美しいということに満足にするのではなく、プログラムが美しいことは、組込み機器のソフトウェア品質（機能性、信頼性、使用性、効率性、保守性、移植性）を高めることに貢献し、組込み機器の性能を高めると考える必要があります。

　組込みソフトエンジニアがプロフェッショナルか否かは組込み機器でユーザーを満足させることができたかどうかで決まります。当然、ソフトウェアだけでは、製品を形あるものにはできませんから、製品開発チーム全体の成果として顧客満足を高めなければいけません。

　組込みソフトエンジニアはチームの中で組込みソフトエンジニアとして割り当てられたパートをクリアしていきます。組込み機器の中のソフトウェアの重要度は日に日に増加しており、組込みソフトウェアが機器のユーザーインターフェースを駆動しているという事実があります。したがって、組込みソフトエンジニアは与えられたパートだけに専念しているだけでなく、製品が市場や顧客から何を求めているのかを知っていることが必要になってきました。企画担当者が製品の仕様を考えるのではなく、求められた機能や性能の実現性を判断できる組込みソフトエンジニアも企画担当者といっしょになって製品の仕様を考える必要が出てきたということです。

　かつて、組込み機器の規模が小さかったときは、機能、性能の実現性はドメインを熟知し、ハード、ソフトの知識を持ち合わせたひとりのエンジニアが判断していました。しかし、組込み機器の規模が大きくなった現在では分業が進んできたため、ドメイン知識、ハードウェア知識、ソフトウェア知識の３つの知識をオーバーラップさせることができるエンジニアは非常に少なくなっています。もちろん、ソフトウェアエンジニア全員がそのような知識を求められているわけではありません。システムの全体構成を考える組込みソフトアーキテクトにドメイン知識、ハードウェア知識、ソフトウェア知識をオーバーラップさせることが求められています。また、プロジェクトリーダーはプロジェクトメンバー間のコミュニケーションを密にすることでコミュニケーションギャップを埋めることが求められます。

コラム——CTO（Chief Technology Officer：最高技術責任者）

　CEO（Chief Executive Officer：最高経営責任者）という言葉はよく聞かれるようになりました。CEOと同じような言葉でCTO（Chief Technology Officer：最高技術責任者）という職務があります。CTOは企業内の研究から技術開発、事業化までの過程を総合的にマネージメントできる人材です（次ページコラム図3.1参照）。

　製造業において他社がまねできない、その企業ならではの力となっている技術的な強みを保持、革新していくにはCTOの存在はきわめて重要です。CTOは市場の変化に対して現在の技術をどのように変化させればよいのか、どのような新しい技術を導入すればよいのかを判断し、CEO（Chief Executive Officer：最高経営責任者）やCFO（Chief Financial Officer：最高財務責任者）に進言します。このとき、CTOの考え方の中核をなすのは、MOT（Manage-ment of Technology：技術経営）です。

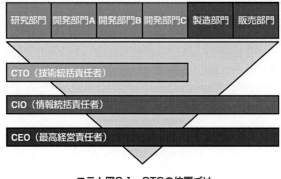

コラム図3.1　CTOの位置づけ

　MOTでは、研究開発に関するマネージメントのみならず、財務や知識共有、技術予測、技術評価、技術者管理など広範囲なマネージメント技術が含まれます。

　組込みソフトエンジニアにはMOTの知識が求められています。なぜなら、コラム図3.2にあるように、組込みソフトウェアは市場とキーデバイスを結びつける重要な役割を担っているからです。市場要求を実現するためのキーデバイス、キーテクノロジと市場を結びつけてユーザーに表現するのは組込みソフトウェアです。いかにキーデバイス、キーテクノロジが他社にまねできない技術であったとしても、その技術をユーザーがわかりやすく、使いやすいように表現することができなければ、組込み機器は広く受け入れられることはありません。また、組込みソフトは可変性が高いため、グローバルマーケットの中で仕向地に対応するための調整要素となることがあります。単純にディスプレイに表示したり、印刷したりするメッセージの各国語対応だけでなく、組込み機器が使われる環境に合わせて使い勝手を変えることも求められるでしょう。

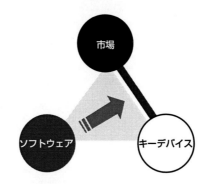

コラム図3.2　組込みソフトが市場とキーデバイスを結びつける

　組込みソフトエンジニアは、市場要求とキーデバイスのことを熟知し、ソフトウェアを使ってこれらを結びつけ、最高のパフォーマンスを実現しなければいけません。そのためには、組込みソフトエンジニアはMOTの知識が必要であり、技術を極めることができれば将来はCTOのような立場になる日がくるかもしれません。

組込みソフトエンジニアとマーケティング

　組込みソフトエンジニアとマーケティングが無縁ではないことを説明しました。図3.3の左のように、過去の企業の考え方は「マーケティング」、「財務」、「人事」、「製造」が同じ重要性であり、企

業経営の中で顧客の存在はマーケットを通して見るものでした。しかし、図3.3の右のように現在では顧客が組織を駆動し、マーケティングが「人事」、「製造」、「財務」といった機能を統合するというと顧客中心の考え方に変わっています。組込みソフトエンジニアは顧客が何を求めているかを予測することができ、要求を実現するための技術があれば、厳しい制約条件下でも機能、性能、品質を最適化した組込み製品を作り出すことが可能になります。

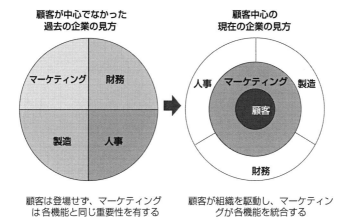

顧客が中心でなかった過去の企業の見方　　顧客中心の現在の企業の見方

顧客は登場せず、マーケティングは各機能と同じ重要性を有する　　顧客が組織を駆動し、マーケティングが各機能を統合する

図3.3　顧客が組織を駆動する考え方（フィリップ・コトラー『マーケティング、第7版』（プレジデント社、1996年、p.19より作成）

　顧客駆動型の考え方が必要だという具体例を示します。図3.4をご覧下さい。無線ICタグと呼ばれる、微少なICチップの実用化が近いことをご存じの方も多いでしょう。無線ICタグは識別する物体についての情報が格納されており、無線ICタグリーダーから発信される電磁波をエネルギー源として情報を出力します。無線ICタグのコストが5円程度に抑えられれば、スーパーマーケットで食材のパッケージなどに利用され普及が促進すると言われています。次ページの図3.4は無線ICタグが普及した際のスーパーマーケットのナビゲーションカートの利用例です。

　スーパーマーケットの買い物客が、本日の特売品のキャベツをナビゲーションカートに入れました。ナビゲーションカートには無線ICタグのリーダーがついており、カードにキャベツが入れられたことを認識し、ディスプレイにキャベツの価格、産地などの情報が表示されます。

　買い物客は今日の夕食の献立のヒントを得るためにナビゲーションカートのマルチディスプレイ上の献立ナビを押します。そして、携帯電話で自宅に電話し、ホームゲートウェイ経由で家電ネットワーク対応の冷蔵庫にどんな食材が入っているかを問い合わせます。情報を受信した携帯電話はブルートゥース無線通信[1]でナビゲーションカートと通信し、自宅の冷蔵庫の食材情報を送信します。そして、ナビゲーションカートは購入したキャベツと自宅冷蔵庫の残り食材で作ることのできる料理をデータベースから検索し、お勧め献立としてマルチディスプレイに表示します。

　ナビゲーションカートのマルチディスプレイにはお勧め献立の食材を全部そろえると合計でいくらになるかも表示されます。さらに、詳しいレシピや、追加食材の売り場の場所もナビゲーションカートを使って知ることができます。

1　ブルートゥース無線通信：携帯情報機器向けの無線通信技術。機器間の距離が10m以内であれば障害物があっても利用することができます。

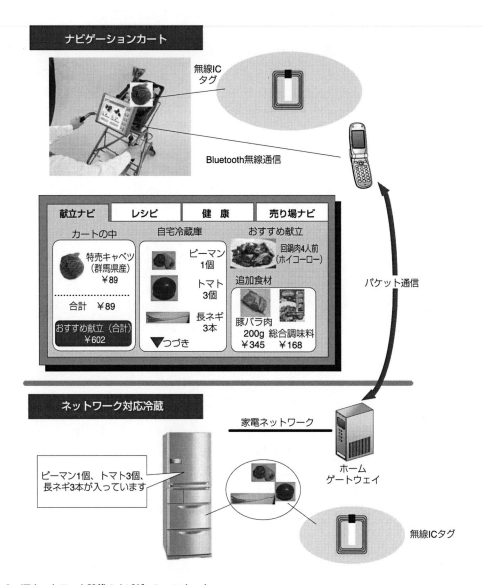

図3.4　ITネットワーク時代のナビゲーションカート

　ナビゲーションカートはかごに入れた食材の合計金額を瞬時に計算できてしまうので、わざわざ食品の金額をレジで打ち直す必要がありません。ナビゲーションカートと電子レジスターが無線で通信できればレジで合計金額の支払いだけをすればよいことになります。セルフチェックアウトシステムによってユーザー自身が決済することも可能です。操作がわからないときの案内係がレジ数台にひとりついていればよいのでスーパーマーケット側にとっては人件費の削減につながり、削減できたコストを設備投資に回すことができます。

　フィルム写真機がデジタルカメラに切り替わりつつあるように、ときに技術革新はメーカーがそれまで作っていたものの価値を大きくシフトしてしまうことがあります。それまでスタンドアロンの電子レジスターを作っていたメーカーが、ナビゲーションカートのような未来のユビキタス対応システムは自分たちの領域とは無縁のものと考えるとそれまで持っていた市場を失ってしまうかもしれません。

　電子レジスターを購入するユーザー（スーパーマーケット）は、スーパーマーケットにやってくる買い物客に役に立つサービスを提供したいと考えており、レジ打ちのパートさんの人件費も削減したいと考えています。ナビゲーションカートのような存在は、既存の電子レジスターを脅かす可能性もあるのです。

　メーカーが既存製品を通してしか市場や顧客を見ていないと、技術革新が起きたときに市場の変化について行けず自分たちだけ取り残されてしまう危険性があります。図3.3の右の図のように、顧客が組織を駆動しマーケティングが各機能を統合するようになっている必要があるのです。新たな技術革新によって顧客や市場がシフトした場合は、それに合わせて製造、人事、財務もシフトすべきです。新しいデバイスを使いこなす技術がないという理由で、市場と製品の距離が離れると負のスパイラルに陥ってしまいます。

　スーパーに訪れる買い物客の真の目的をよく考えてみると、それは必ずしも「食材を買い求めること」ではないことがわかります。スーパーに訪れる買い物客は購入した食材を使って、自分や家族のためにおいしく栄養バランスの良い食事を作りたいと考えています。また、できるだけ安価に短時間で食事を用意したいと考えています。そう考えると、スーパーに訪れる買い物客の目的はおいしく栄養バランスの良い食事を安価に短時間で作ることであり、「食材を買い求めること」はその目的を達成するための工程の1つとなります。

　電子レジスターは「おいしい食事をできるだけ安価に提供したい」という要求を満たす過程で必要となる組込み機器となるわけですが、「おいしい食事をできるだけ安価に提供したい」という買い物客の目的が達成できるのならば、目的を達成するための工程は変化してもスーパーに訪れる買い物客に不利益を与えることはありません。無線ICタグの普及とナビゲーションカートと携帯電話による電子決済は、「おいしく栄養バランスの良い食事を安価に短時間で作る」という目的により近づくことができるため、その結果電子レジスターは不要になる可能性もあるということです（コラム「洗濯機メーカーは新しい洗濯機を開発しようとしてはいけない」参照）。

　市場が変化することで新しい技術に対応する必要が出てくると、エンジニアも新しい技術を習得しなければいけない場合もあり、再利用資産の寿命にも影響を与えます。したがって、マーケティングや技術予測は組込みソフトエンジニアにとっても重要です。

コラム──洗濯機メーカーは新しい洗濯機を開発しようとしてはいけない

　現在東京の秋葉原は電気製品のメッカというイメージから、別な意味での聖地と変わりつつあるようです。ところで、1980年代、郊外に大型家電量販店がなかったころ、地元の電気屋さんではなく秋葉原に家電製品を買いに行く人々がいました。なぜ、秋葉原に洗濯機を買いに行ったのでしょうか。もちろん、秋葉原の電気店では最新の商品が豊富に取り揃えられており価格も安かったということが一番の理由でしたが、秋葉原の店員は各メーカーの洗濯機の特長を熟知していて、予算や使い勝手などの要求に応じて一番ピッタリ合う洗濯機を選んでくれるだけの知識と販売の経験（洗剤はどれくらい使うのか、乾燥機能はついているのか、サービス体制は万全かなど）を持っているという理由も大きかったと思います。

　2000年代になって家電製品はインターネットで激安のものを購入できるようになりましたが、いろいろなメーカーの商品をおしなべて比較し、誰かにアドバイスしてもらいたいという買い手側の要求はまだあります。その要求に答えるように、都市近郊では郊外に家電量販店の大規模店舗が出店するようになりました。郊外の家電量販店では、かつて秋葉原の電気店の店員が行っていた販売のノウ

ハウがマニュアル化され秋葉原へ行かなくても、地元で最新の機種を適切なアドバイス付さで購入できるようになりました。賢いユーザーはこのような家電量販店で商品の知識を仕入れてインターネットで最も安く買える店を探すのかもしれません。

　さて、販売側がこのように商品だけをただ売るだけでなく、商品＋サービス（商品知識とアドバイス）をセットにして売るようになってきたことを考えると、作り手側はどのようなスタンスで物作りをしていけばよいのでしょうか。

　この問題を考えるおもしろい例題として洗濯機メーカーが新しい商品を開発するときに、「どのような洗濯機を作ろうか」と考えてはいけないという話があります。洗濯機メーカーならずともメーカーは新しい商品を企画する際に現行モデルをベースにして新しい機能を追加しようと考えがちです。なぜなら、現在販売している商品は目に見える「物」でありその機能や性能について自分たちは熟知しており、お客様からの評判や要望もある程度把握できているので、それをベースに新しい商品を考えることが最も自然だからです。

　しかし、このようなアプローチには大きな落とし穴があります。なぜなら、洗濯機を使っているユーザーの真の目的は衣類を洗濯することではないからです。洗濯機を使っているユーザーは決して洗濯をすることが本当の目的ではありません。ユーザーの本当の目的は「汚れた衣服をきれいにすること」です。へりくつのように聞こえるかもしれませんが「洗濯機で洗濯すること」と「汚れた衣服をきれいにすること」未来永劫、同等だとは言い切れないのです。なぜなら、例えば、自宅近くに、もしも、ワイシャツ1枚を10円でクリーニングするクリーニング屋が現れ、夜玄関脇のボックスに洗濯物を入れておくと朝にはきれいになって戻してくれるようなサービスを始めたら、それでもユーザーは洗濯機で洗濯するでしょうか。もちろん、21世紀になってもそこまでクリーニング料金が安くなるような時代にはなっていませんが今後絶対にそのような状況が現れないとは言い切れません。人々のライフスタイルが変化したり、新しいデバイスが発明されたりすることにより既存の考え方が一変することはよくあるのです。したがって、洗濯機メーカーは新しい洗濯機を開発することを考えるのではなく、お客様の要望（この場合は衣服をきれいにするということ）を満足するための商品またはサービスとは何か、また、現在の技術や新しい技術を開発することによってどのような商品またはサービスを提供することができるのかを考える必要があるのです。そうやってユーザー要求を第一に考えた商品やサービスと現行商品に新しい機能を付け加えたものがイコールであるとは限らないのです。洗濯機自体がいらなくなる時代だってくるかもしれません。目の前にある形あるものにとらわれないようにしないと時代に取り残されてしまう危険性があるのです。

3-3　ドメイン分析

　ドメイン分析では、ユーザーニーズに重点を置きながら、システムで何がなされるか、どのようなモジュールにソフトウェアシステムを分割するのか、といったテーマについてドメイン（問題領域）をベースに考えていきます。そして、ドメインに特化した設計および要求に対する実装上の制約を考慮しドメインの分析の内容を洗練させます。

　再利用資産の寿命を延ばすためにも、技術者が習得すべき新たな技術を予測するためにもドメイン分析は重要です。ドメイン分析では商品や商品群に求められるユーザーニーズがモジュールの分割指針に大きな影響を与えます。そこで、まず、ドメイン分析を行う前に、製品群ロードマップ、機能ロードマップ、テクノロジーロードマップ、技術予測曲線などを書いて、市場や技術の動向を予測しておきます。予測はあくまでも予測であり外れることはありますが、適宜見直しをかけることでその確度を高めることができます。組込みソフトエンジニアがソフトウェア開発を効率化しクリエイ

ティブな仕事に取り組めるようになるためには、技術経営的視点が必要であり、マーケティングの基礎となる各ロードマップはドメイン分析の精度を高めるための有効な道具になります。

　図3.5は電子レジスター商品群の例です。（商品と価格は架空のものです）汎用のローエンド機では必要最小限のキーとLED表示のディスプレイが搭載されており、ミドルレンジ機ではディスプレイが大きくなり、各種のオプションを接続することが可能になっています。スーパー向けハイエンド機ではパソコン並のカラー液晶画面が、飲食店向けハイエンド機ではカラー液晶画面にタッチキーが付いています。

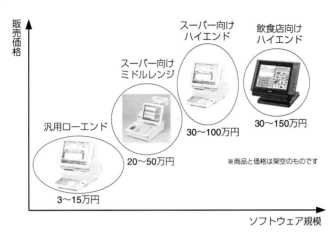

図3.5　電子レジスター製品群ロードマップ

　電子レジスターのオプションとしては、図3.6のようなものがあります。クレジットカードの読み取り機やポイントカードのリーダ／ライタ、バーコードスキャナ、自動釣り銭システムなど、どのオプションがどのレンジの電子レジスターに接続できるのかを明確にしておく必要があります。

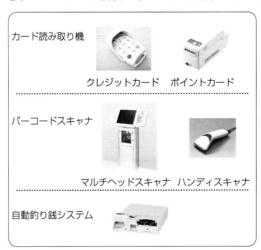

図3.6　電子レジスターのオプション

　次に電子レジスターの機能ロードマップを書きます。次ページの図3.7では、クレジットカードの読み取りオプション機器または読み取りユニットをローエンドからハイエンドまですべての機器につなげられるように計画します。将来の新システムとして買い物客が自分でバーコードをスキャン

して会計を済ませる「セルフ会計システム」を、無線 IC タグの普及を予測して「無線 IC タグの読み取り機能」を機能ロードマップにマッピングします。無線 IC タグは将来広範囲に普及するという予想から、最初はハイエンド機器にしか搭載しませんが、5 年後にはローエンド機にも読み取り機能を追加できるようにします。クレジットカードの読み取り機能を電子レジスターシリーズ全部に搭載する計画にしているのは、図 3.8 で、クレジットカード決済の需要は今後も堅調に伸びると予測しているからです。

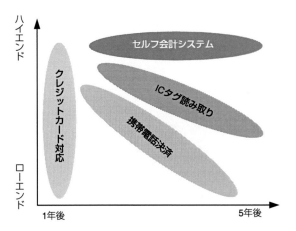

図3.7　電子レジスター機能ロードマップ

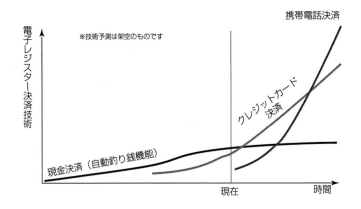

図3.8　技術予測曲線

　商品群ロードマップ、機能ロードマップ、オプション機器の接続可否を整理することで、どの機種にどの機能が必要か、どのインターフェースを用意すべきかを予想できるようになります。

　図 3.9 はテクノロジーロードマップです。左には今後追加搭載が予想される機能要素、右にはその機能要素を実現するために必要な技術要素がマッピングされています。新しい技術要素にどのプロジェクトが割り振られているかが下に示されています。電子レジスターのプロジェクトでは、バーコードスキャナ、会員データベース、非接触 IC カード通信を、ナビゲーションカートのプロジェクトでは無線 LAN 接続、位置情報検出、レシピデータベースの機能に取り組みます。会員情報の照会やカートとレジ間の無線通信で個人情報が流れるため通信情報暗号化技術も取り入れます。

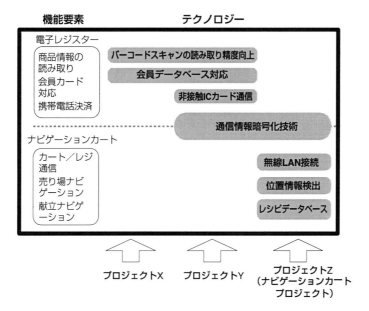

図3.9　テクノロジーロードマップ

コラム——ソフトウェアプロダクトライン

　カーネギーメロン大学ソフトウェア工学研究所（SEI：Software Engineering Institute）で、体系的なソフトウェア再利用戦略であるソフトウェアプロダクトライン（Software Product Lines）を研究しています。

　カーネギーメロン大学ソフトウェア工学研究所のWEBサイトにおいて、「ソフトウェアプロダクトラインとは何か」が以下のように紹介されています。

A software product line is a set of software-intensive systems that share a common, managed set of features satisfying the specific needs of a particular market segment or mission and that are developed from a common set of core assets in a prescribed way.

　この文章を意訳すると以下のようになります。

　ソフトウェアプロダクトラインとはソフトウェアモジュールの集合体であり、次のような特徴を持っています。

1. そのソフトウェアモジュールの集合体は（組織の中で）共有されています。
2. そのソフトウェアモジュールの集合体は特定の市場または特定の用途において明確なニーズを満足させるための複数の機能を実現しています。
3. そのソフトウェアモジュールの集合体は規定された方法により、共有されたコア資産より作り出されます。

　本書の体系的ソフトウェア再利用施策は、このソフトウェアプロダクトラインの考え方をベースにして具体例を使って解説しています。

　国際ソフトウェアプロダクトライン会議（SPLC：International Software Product Line Conference）は毎年開催されており、プロダクトラインの世界的な関心は高まりつつあります。

　ソフトウェアプロダクトラインの定義を見ればわかるように、同じ市場に商品を投入し続け、コアとなる機能にバリエーションを付けながら商品をリリースしていく日本の組込みソフト開発には、ソフトウェアプロダクトラインの考え方はぴったりフィットしていると思われます。

　今後、ソフトウェアプロダクトラインの技術が日本の組込みソフト産業の中にも浸透していき、ソフトウェアプロダクトラインを実践することで開発効率が向上し、エンジニアが余裕を取り戻せるようになることを期待したいと思います。

ドメイン構造図を書く

　各種ロードマップが書けたら、商品群の中のそれぞれの商品の内部をドメイン（問題領域）に分け
ていきます。役割を持ったドメイン同士の依存関係を点線矢印で表したものがドメイン構造図です。
ドメインは UML のパッケージを使って表していきます（参考文献『組み込み UML』）。

　ドメイン構造図を書くのに特に UML ツール[1]を使わなければいけないわけではありません。四
角と矢印のついた線が書けるドローイングツールがあればドメイン構造図を書くことは可能です。
ただし、作成したドメイン構造をベースにして、他の UML のダイアグラムを作成していくのであれ
ば UML のドローイングツールを使った方がよいでしょう。本書に使われている UML は
Enterprise Architect[2] という UML ツールを使用しており、ドメインをWindows のフォルダのよう
に階層的に扱うことができます。作成したドメインを「ローエンド固有」、「ミドルレンジ固有」、「ハ
イエンド固有」、「シリーズ共有」といったパッケージの配下に移動させると、各ドメイン（パッケー
ジ）の下に（from シリーズ共有）といった注釈を自動的に表示させることができます。ドメイン間
の依存関係もシリーズ全体で共有できるため、わざわざ依存関係の矢印を引き直さなくてもよいの
で便利です（図 3.10 参照）。

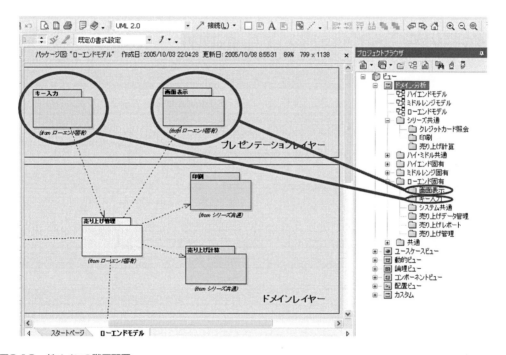

図3.10　ドメインの階層配置

　ドメイン（問題領域）は単なる入れ物で、入れ物の中に入れる内容物のソフトウェアやダイアグラ
ムとは違って器としての修正は簡単にできますから最初は気楽に思いついたドメインをどんどん
作って矢印でつないでいきます。第 2 章の（図 2.10「レイヤー分割アプローチ」）のようにレイヤー

1　UML ツール：主たる目的としては UML のダイアグラムを書くためのツール。ダイアグラムを書くだけでなく、作成したモ
　デルからソースコードの一部を生成したり、すでに存在する Java や C++のプログラムを読み込んでクラス図を書くことので
　きるツールも存在します。巨大化した見えないソフトウェアを可視化するために役立ちます。
2　Enterprise Architect：スパークスシステムズジャパン株式会社が販売する UML ツール。

を「プレゼンテーションレイヤー」、「ドメインレイヤー」、「データソースレイヤー」の3つに分けて、
作成したドメインがどのレイヤーに所属するのか考えながら図を書いていくものよいでしょう。第
2章でシステムの機能を独立した責務に分割したのと同様に作成したドメイン同士の責務が重なら
ないようにしてドメインを作成していきます。

　ドメイン構造図に唯一の正解はありません。何をコンセプトにして書くかによってドメイン構造
図はいろいろな形になります。ここでは、商品群全体の体系的再利用を目的とし、さまざまなロード
マップを書いて市場分析を行いましたから、商品の競争力が高まり、かつ、開発効率が上がるように
商品群の中でできるだけ共通となるドメインを抽出していきます。

　図3.11をご覧下さい。電子レジスターのローエンドモデルのドメイン構造図です。プレゼンテー
ションレイヤーには「キー入力」ドメインと「画面表示」ドメインの2つがあります。それぞれ、オ
ペレータと接し機能を直接表現する部分であり、顧客満足に直結するドメインですが、シリーズ間で
共通化することが難しいドメインです。なぜなら、ユーザーはローエンドのモデルかハイエンドのモ
デルかをじかにさわったり見たりする部分で判断するため、ユーザーインターフェースとなるプレ
ゼンテーションレイヤーでは積極的にローエンドかハイエンドかの差を表現しなければいけないか
らです。組込み機器では、多くの場合この表現力の差が部品コストの差になります。したがって、コ
スト要求が異なるローエンドモデルとハイエンドモデルでプレゼンテーションレイヤーのドメイン
を共有することは難しくなります。そこで、「キー入力」ドメインと「画面表示」ドメインは、ロー
エンド固有というパッケージの配下に入れておきます（図3.10参照）。

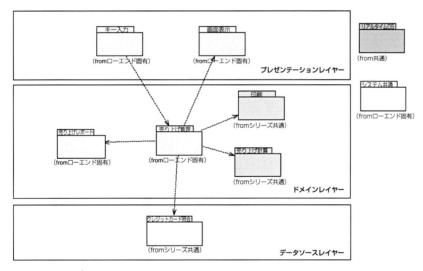

図3.11　ローエンドモデルのドメイン構造図

　メインレイヤーには「印刷」、「売り上げ計算」、「売り上げレポート」、「売り上げ管理」のドメイン
があります。「印刷」と「売り上げ計算」のドメインはシリーズで共有できるドメインであり、「売り
上げレポート」はレポートの内容をコンパクトにするためローエンド固有に「売り上げ管理」のドメ
インも各ドメインを統合してローエンド電子レジスターとしてのパフォーマンスが最大になるよう
な調整役となるためローエンド固有とします。「印刷」ドメインは、レシート印刷を行うドメインで
あり、レシートを通じてユーザーに会計結果を知らせるドメインですが、サーマルプリンタの制御が
電子レジスターの独自のノウハウでもあるためドメインレイヤーにカテゴライズしています。

　また、データソースレイヤーでは、機能ロードマップで分析したクレジット照会機能を実現するための「クレジット照会」ドメインを配置します。クレジット照会をオプション機器を使って実施する際には、「クレジット照会」ドメインは売り上げ管理とオプション機器とのインターフェースの役割を果たすことになります。

　ローエンドモデルと同様に、ミドルレンジモデル、ハイエンドモデルのドメイン構造図も書いていきます（図3.12、図3.13参照）。

　立花と組田が室井に電子レジスター商品群のドメイン構造図を見せています。

立花■室井課長、電子レジスター商品群のドメイン構造図がだいたいできてきたので見てもらえますか。

室井■ドメイン構造図ってなんだね。俺が見てもわかるものなら見るよ。

組田■室井課長、ドメイン構造図は商品の機能モジュールを分割して依存関係を表したものですから慣れれば電子レジスターの機能がどのモジュールとどのモジュールで実現されているのかがわかるようになりますよ。

室井■では、未来の電子レジスターとなるハイエンドクラスの電子レジスターのドメイン構造図とやらを見せてもらうかな（図3.13参照）。

　　　現行システムで実現できている機能ばかりのようだが、無線ICタグの読み取りや、携帯電話決済といったところが未来の電子レジスターといった感じがするな。そういえば、先日クレーム対応でスーパーのチェーン店に行ったらレジの現場主任さんが、スキャンした商品価格の読み上げを機械が自動でやってくれるようにならないかって言っていたな。それと、店長さんは売り場ごとに電子レジスターを変えるのではなく、汎用的な電子レジスターをそれぞれの売り場でカスタマイズできるようになっていると融通が利くので助かると言っていたよ。このシステムってそんなこともできるのか。

立花■貴重な情報をありがとうございます。室井課長がおっしゃったようなユーザーニーズをできるだけたくさん集めてドメイン分析することが、再利用資産の寿命を延ばすことにつながります。音声読み上げは音声合成デバイスを使えば可能ですし、機能のカスタマイズはメモリカードの対応を考えていましたのでハイエンドモデルのドメインとして追加しておきます。

室井■それから、先月経営会議で中国のメーカーがローエンドの電子レジスター市場に進出してきたという報告があったらしいぞ。

立花■中国メーカーが進出してきたということはローエンドモデルのさらなるコストダウンと付加価値による差別化が要求されているということですね。

室井■そのとおりだ。特にコストダウン要求は強くなるはずだ。今のところ、ターゲットとなっているのはローエンドモデルだけのようだが、いずれミドルレンジやハイエンドのモデルにも進出してくるのは目に見ているさ。

立花■そうなると、ますますシリーズ全体を俯瞰した上での再利用資産の抽出とマネージメントが重要になってきます。ソフトウェアだけでなく、ハードウェアを含めた資産の共通化ができれば部品の発注を増やすことが可能になりコストダウンにつながります。

組田■でも、ソフトウェアの資産をシリーズ共通にしていくと、オーバーヘッドが大きくなってローエンドモデルなんかではCPUのパフォーマンスがきつくならないですか。

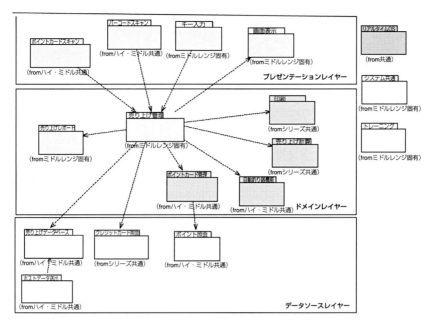

図3.12　ミドルレンジモデルのドメイン構造図

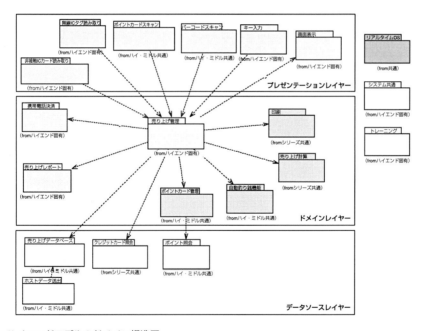

図3.13　ハイエンドモデルのドメイン構造図

立花■そうならないように、商品群全体として求められているコアな機能は何か、それぞれのモデル
　　固有の特徴はなにかをドメイン分析することが大事なんだよ。当然製品にはいろいろな要求
　　が求められているから、トレードオフしなければいけない部分がたくさんある。シリーズ全体
　　と個々の機器の両方に着目して最適な着地点がどこにあるのかを見極める必要があるのさ。
　　再利用を優先して、基本性能が出せなくなったら元も子もないからね。

組田■だから、機能分割の視点と時間分割の視点を行ったり来たりさせなければいけないんですね。
　　（第2章、図2.21「機能分割優先ビューと時間分割優先ビュー」参照）

要求機能展開

　ローエンド、ミドルレンジ、ハイエンドの各モデルのドメイン構造図ができたところで、電子レジスター商品群全体に対して求められる要求をさまざまな視点から眺め、求められる商品群の実体を浮き彫りにしていきます。

　図3.14では対象商品を3つの方向から眺め投影した結果を図示しています。実体は1つであっても、対象物を別な視点から見ると違った見え方になることはよくあります。また、いろいろな視点で対象物を投影した結果を分析することで対象物の特徴が明確になります。

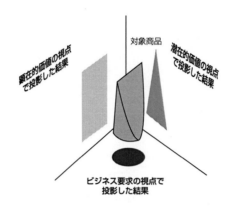

図3.14　システムを捉えるさまざまな側面（出典：井上樹『ダイアグラム別UML徹底活用』、（翔泳社、2005年、p.9）

　表3.1ではビジネス要求、顕在的価値から見た品質要求、潜在的価値から見た品質要求の3つの視点で電子レジスター商品群を眺め、要求を展開し、重要度や技術的な難易度を分析しています。

　要求は1次、2次、3次と要求を分解していき3次では具体的な機能になるように展開します。そして、それらの機能に、重要度を割り振り、関連するソフトウェアモジュール（ドメイン）を結びつけていきます。さらに機能を実現する際の難易度と性能実現の難易度を記入します。機能実現の難易度が高い場合は、第2章で紹介した機能分割の技術が、性能実現の難易度が高い場合は、第1章で紹介した時間分割の技術が必要になります。要求の重要度と技術的難易度を眺めながらどのドメインに注力を注ぐべきかを考えます。

　ビジネス要求は機能、性能以外の商品群全体に求められる方向性、その組織が商品群に期待していること、他社の動向や消費者の嗜好の変化などからの要求を分析しています。明確な商品戦略が存在する場合も、要求仕様として分析しておきます。ステークホルダー[1]が何を求めているのかをビジネス要求の視点で分析しておくことも重要です。

　顕在的価値から見た品質要求とは、組込み製品に対してユーザーが直接感じる品質です。この部分がカタログスペックで大きく取り上げられ、顧客満足度に直結するため技術的難易度が高くても実現が求められます。

1　ステークホルダー：企業や行政等の意思決定に関わる人物でプロジェクトに大きな影響を及ぼす人物。利害関係者。

表3.1　要求展開と関連ソフトウェアモジュール

ビジネス要求（機能・性能以外の要求）			重要度	ソフトウェアとの関連	技術的難易度	
1次	2次	3次		関連モジュール（ドメイン）	機能実現の難易度	性能実現の難易度
中国メーカーの進出に対抗したい	ローエンド機器のコストを下げたい	シリーズ全体での部品共通化	◎	モジュール全体（1CPUでの機能実現）	A	A
	品質の高さを強調したい	信頼性評価データの開示	△	モジュール全体（信頼性評価結果の開示）	B	C
	バリエーションの多さを強調したい	メモリカードオプションによるカスタマイズ機能の実現	△	メモリカード読み込み	B	B
ITネットワーク時代に対応したい	無線ICタグ対応	無線ICタグの読み取り	○	ITネットワーク対応無線ICカード読み取り	A	B
	お財布携帯対応	非接触ICカードの読み取り	◎	ITネットワーク対応携帯電話決済	A	B
	家計簿を書かなくてもよい	買い物データの転送	○	ITネットワーク対応携帯通信売り上げデータベース	A	B
会計時の消費者の満足が高い	レシートの印刷がきれい	字が見やすい	◎	印刷	C	A
		買い物データの詳細が印刷される	○	印刷売り上げデータ管理売り上げデータベース	B	C
	領収書が発行できる	←	◎	印刷	C	B
	買った物の価格を確かめやすい	価格の表示が見やすい	○	画面表示	C	B
		価格を音声読み上げしてくれる	△	音声出力	B	A
	クレジットカードが使える	クレジットカードリーダー対応	◎	クレジットカード照会	A	B
レジを使うオペレータの満足が高い	訂正がしやすい	訂正キーの設置	△	キー入力	C	C
	練習がしたい	トレーニングモードがある	○	トレーニング	B	B
信頼性が高い	商品価格を間違えない	スキャナの精度向上	◎	バーコードスキャン印刷	C	A
		商品／価格データベースとの照合強化	◎	売り上げデータ管理売り上げデータベース	B	C
品切れにならない	商品売り上げの管理	売り上げデータ管理と自動発注の連例	△	売り上げデータ入力売り上げデータ管理売り上げデータベース	A	C

重要度：◎（高）、○（中）、△（低）　　難易度：A（高）、B（中）、C（低）

潜在的価値から見た品質要求とは、組込み製品の外側からではわかりにくいものの、組込み製品のポテンシャルを高めるために貢献する機能や、安全性や信頼性を実現するために必要な機能です。

展開する要求の内容は商品や商品群、企業コンセプトなどと密接に関係しているため業務ドメインや商品、組織が変わればその内容も変わります。また、技術的難易度も組織が保有する技術的蓄積や所属するエンジニアの技術レベルなどによっても変わります。また、ハードウェア、ソフトウェアを含んだ機能モジュールごと導入デバイスで実現してしまう場合、技術的難易度は低くなります。要求の重要性、技術的難易度がともに高くても、該当する機能モジュールを導入デバイスで実現してしまうと、その技術は組織のコアコンピタンス[1]にはなりません。

ドメイン構造図の見直し

「ビジネス要求」、「品質要求（顕在的価値）」、「品質要求（潜在的価値）」という3つの視点で電子レジスターに求められる要求と機能を分析しました。その分析結果をふまえて、それぞれのモデルの電子レジスターのドメイン構造を見直していきます（図3.15、図3.16（p.122）、図3.17（p.123）参照）。

まず、ハイエンドモデルに対して新しく増えた要求として「メモリカード読み取り」ドメインをデータソースレイヤーに、「音声出力」ドメインをプレゼンテーションレイヤーに追加しました。「メモリカード読み取り」ドメインは、ビジネス要求から電子レジスターのバリエーション設定データをメモリカードに記憶させ、メモリカードの差し替えで売り場別の要求の違いを吸収するために必要な機能です。使い方によってはメモリカードを使って電子レジスターのソフトウェアをアップグレードすることもできます。音声出力ドメインは、買った品物の価格を自動で読み上げるための機能で品質要求の顕在的価値を高めるために必要な機能です。これらのドメインはハイエンド機器固有の機能にカテゴライズしておきます。

次に売り上げデータ入力について見直しをします。買い物した品物のデータはキー入力、バーコードスキャン、無線ICタグ読み取りの3つの入力方法があり、それらが個別に「売り上げ管理」ドメインと関連を持っています。しかし、「売り上げ管理」ドメインは売り上げデータの入力方法には関心がなく、売り上げデータだけをもらえればよいので、「売り上げデータ入力」のドメインを新しく作り、このドメインで「無線ICタグの読み取り」、「バーコードスキャン」、「キー入力」のドメインからのデータを受けて、統一した売り上げデータのフォーマットで「売り上げ管理」ドメインにデータを渡すことにしました。

また、売り上げ管理が機能全体の総合調整に専念できるように「売り上げデータ管理」ドメインを追加して、「売り上げレポート」ドメインと「売り上げデータベース」ドメインへのアクセスは「売り上げデータ管理」ドメインを介して行うようにします。

最後に、携帯電話による決済は、携帯電話以外の非接触ICカードの読み取りと電子決済に対応するため、「電子決済」ドメインを作り「携帯電話通信」ドメインをデータソースレイヤーに移動します。

ドメイン構造図はさまざまな場面で頻繁に見直しがかかります。作成した各種ロードマップや視点を変えて分析した要求仕様をベースにドメイン構造図を洗練していくことで、プロジェクトメンバー全員が商品群全体のソフトウェアの構造について理解を深めることができます。また、1つの商品だけでなく商品群全体のドメイン構造を考えることで、どのドメインがシリーズ共通の資産であ

1　コアコンピタンス（core competence）：コアコンピタンスとは、組織が持っている他の組織にない本質的な「強み」のこと。

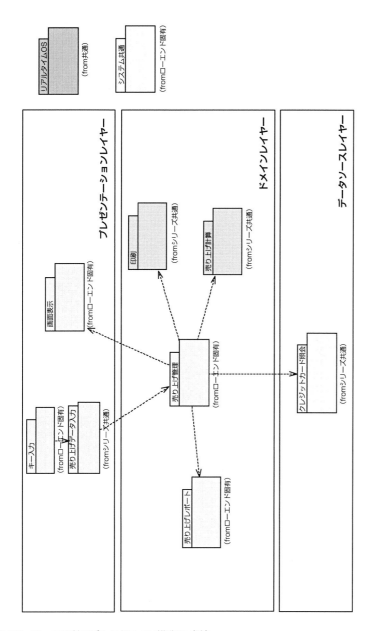

図3.15　ローエンドモデルのドメイン構造図（改）

り、どのドメインが機器固有となるのかが明確になってきます。このとき同じ責務をもったドメイン
が複数存在していないかどうかをチェックすることが重要です。

　組込み商品は既存のデバイスや既存のソフトウェアを利用することが多く、新しい機器でもソフ
トウェアを一から作り直すことはほとんどありません。この事実が逆にソフトウェアシステムの構
造改革を遅らせ、体系的な再利用ではなく場当たり的な流用を横行させる原因となっています。

　ドメイン構造図を書くことで既存システムの構造を見直し、古い構造から新しい構造に移行し、場
当たり的な流用から体系的な再利用に緩やかにシフトすることが可能になります。ドメインはソフ
トウェアの実体ではなく入れ物です。既存のソフトウェアモジュールを完成したドメイン構造図に

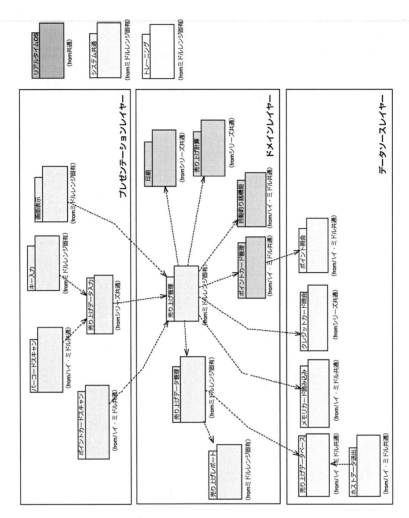

図3.16　ミドルレンジモデルのドメイン構造図（改）

それぞれのドメインに振り分け、ドメイン間のインターフェースを明確にしていけば段階的な構造改革が可能です。もちろん、既存のソフトウェアモジュールが複数の責務を抱えていたり、モジュールとモジュールの結合が非常に強くなっている場合は修正が必要になります。そのような場合は、まず、ドメイン間のインターフェース部分の修正だけに注力を注ぎ、その後、ドメインの中でコア資産となりうるドメインから順に内部構造を見直すというアプローチを製品開発のたびに繰り返して行けば、何世代か経過した時点でソフトウェアシステムの構造改革が完成します。いったん、市場を十分に考慮したドメイン構造が完成すれば、商品開発の効率は飛躍的に向上します。

　ただし、開発の効率を向上させるためには最初にロードマップや要求展開表などを使った市場分析を十分に行い、分析結果の基づきドメイン構造図を何度も書き直して洗練させる必要があります。また、第１章、第２章で解説したように、設計したドメイン構造でリアルタイム性や資源の制約などをクリアできるめどを立てておく要もあります。そのためには、既存製品の独立したソフトウェアモジュールのパフォーマンスや資源の使用状況を調べたり、開発をスタートする前に要素技術の検討としてリアルタイム性や制約条件の厳しい機能が実現できるかどうかをあらかじめ実験しておきます。

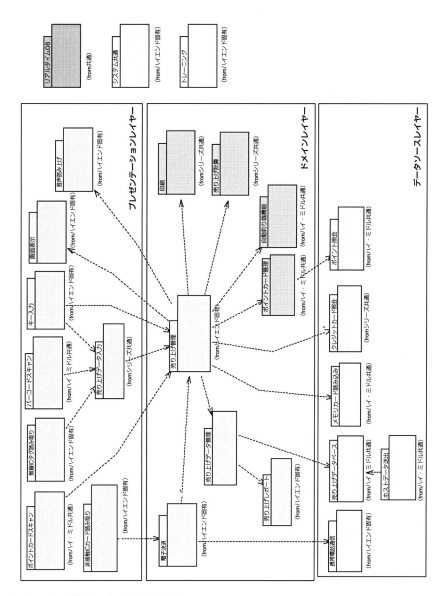

図3.17 ハイエンドモデルのドメイン構造図（改）

ドメイン構造図を書くメリット

1. プロジェクトメンバー間でソフトウェアのシステム構造を認識し、依存関係を整理することができる。
2. 既存のソフトウェアをドメイン（入れ物）に分類するため、これまで作ったソフトウェアを捨てなくてもよい。
3. ドメイン構造図を書くことで、既存ソフトウェアモジュール間のどことどこのキレが悪かったか、どこのモジュール間インターフェースがあいまいだったかがわかる。
4. ドメインに優先度を付けることで、徐々に構造改革を進めることができる。
5. 商品群の中でどのドメインが共通資産、コア資産となりうるのかがわかる。
6. どのドメインに技術を集中させるべきかがわかる。

7.　レイヤーやドメインをベースにエンジニアを仕事を割り当てることができる。

ドメイン構造図の注意点

1.　機能分割ができても、性能や制約条件をクリアできるかどうかはわからない。
2.　機能はわかっても具体的な振る舞いはわからない。
3.　ドメインが多くなりすぎると全体を俯瞰しにくくなる。

　第 2 章で解説したように、組込み機器の性能や制約条件がクリアできるかどうかを判断するには、機能分割の視点と時間分割の視点を行ったり来たりさせなければなりません。モジュールの時間的、機能的独立性が実現できていれば、それらを安全に合わせることができるため、性能実現や制約条件のクリアのリスクは減少します。

　ドメイン構造図はドメイン分割の様子と依存関係をシステム全体から俯瞰することを目的としているため、個々の機能の振る舞いについての詳細はわかりません。各機能の静的な構造の詳細や振る舞いを明確にするためには、UML によるクラス図、オブジェクト図、シーケンス図、ステートマシン図などを書きます。UML ツールを使うとこれらの各種ダイアグラムもドメインという入れ物の中に収納しておくことができます。また、組込みソフトではタスク間で同期や通信がどのように行われているかといったタスク関連図も書いておいた方がよいでしょう。

　ドメインが多くなりすぎて全体を俯瞰しにくくなったときの対処としては、ドメインを階層化してドメインを整理したりシステムをサブシステムに分割します。A3 の紙 1 枚にドメイン構造図が入り切らなくなったときがドメインを階層化したり、システムをサブシステムに分割する目安となります。

コラム――ドメイン分析へのインプット

　ドメイン分析をUMLのパッケージ図を使って行う方法を解説しました。UMLを使い慣れている方にとっては、ドメイン分析を行う前に、UMLのユースケース図をなぜ書かないのか疑問に思った方もいるのではないでしょうか。ユースケース図はユーザー要求をモデル化するための表現方法で、もちろんドメイン分析のインプットに使ってもかまいません。

　ただし、ユースケース図は、コラム図3.3にあるようにいろいろあるドメイン分析へのインプットの1つという位置づけです。体系的なソフトウェアの再利用を目的としたドメイン分析では、対象となるシステムが何を行うのかを分析するのと同時に、組織の方向性も含めて商品群全体としてどんな機能が求められているのかをさまざま視点で分析する必要があります。再利用資産の寿命をできるだけ延ばし、開発効率を高め精度の高いドメイン分析を行うために、ユースケース図だけでなく、各種ロードマップや要求展開、品質展開の結果、ユーザーの商品を使うときのシナリオなどのインプットをできるだけ多く用意することが重要です。

　組込み機器への要求は市場や商品によって大きな違いがあり、多くの視点を持つことで求められる商品やサービスを明確にすることができます。既存の組込み機器や他社の製品がユーザー要求のサンプルモデルになることもあります。実際に動作するモデルであればどんなユーザー要求があるのかを直感的に理解することができます。また、IT 技術を駆使し、静止画や音声データを使ってユーザー要求を表現したり、シナリオを用意してユーザーの振る舞いをシミュレーションしそれをビデオに撮ってデジタル化し資料にするといったことも可能でしょう。ドメイン分析のインプットに「こうしなければならない」という制限はないのです。

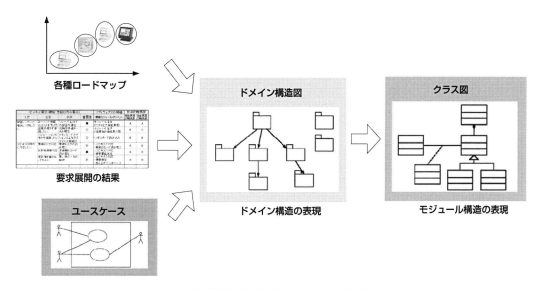

コラム図3.3　ドメイン構造図へのインプット

コア資産の抽出

　電子レジスター商品群に共通するコア資産とはなんでしょうか。書き直したローエンド、ミドルレンジ、ハイエンドといったシリーズで作ったドメインのうち、3つのモデルに共通するドメインは「売り上げデータ入力」、「印刷」、「売り上げ計算」、「クレジットカード照会」の4つです。この4つのドメインの中で、他社が真似できない商品群の価値が凝縮されたコア資産になりうるドメインはあるでしょうか。売り上げデータ入力と売り上げ計算にはノウハウが凝縮されているとは言えず、クレジットカード照会はインターフェース仕様には基準があるため独自のノウハウにはなりません。残るは印刷のドメインです。「印刷」ドメインは第1章で解説したように強いリアルタイム性が要求される機能でありノウハウにはなりますが、他社が絶対に真似できないというレベルの技術ではありません。

　実際に他社に真似できないコア資産が抽出しにくい場合はあります。組込み製品の用途が一般的な場合、独自のノウハウをソフトウェアで実現しようとしても出来上がった商品が実現可能なサンプルモデルとなり、他社に真似されてしまう確率が高くなります。後発メーカーはトップバッターで商品開発を行ったメーカーとは違い、すでに稼働している機能を直に見ることで試行錯誤のプロセスを短縮できます。特許で実現のアイディアをブロックすることもできますが、ソフトウェアで実現している以上別の方法で機能実現されてしまう可能性があります。

　一方、核となるキーデバイスがあると他社に真似できない資産を抽出しやすくなります。センサーや表示デバイスなどのハードウェアや実現方法がわかりにくい ASIC（Application Specific Integrated Circuit：特定用途向け集積回路）などにノウハウが凝縮されており、商品群の価値が凝縮されたハードウェアと制御するソフトウェアをセットにしてコア資産とすれば、市場での優位を長い間保つことが可能です。

　では、このようなキーデバイス、キーソフトウェアが存在しない場合競争優位を保つことはできないのでしょうか。キーデバイスがない場合は各ドメインを統合管理するドメインの調整能力に特徴を持たせることを考えます。個々のドメインに絶対的優位の価値が見いだせないのなら、それらのド

メインを自在にコントロールするドメインや複数のドメインの総合力で顧客満足を高めます。この部分が日本の組込みソフトが得意とする「すり合わせ」の技術となります。個々のドメインはそれぞれ独自の責務を割り当てられていますが、それらを総合的に動かすコンダクター（指揮者）の役割を担うドメインが高い能力を発揮できれば、コンダクタードメインの調整能力を商品のコア資産にすることができます。

　例えば、バーコードスキャン、ポイントカード対応、クレジットカード照会、自動釣り銭オプション、レシート・領収書印刷、音声読み上げなど外付けオプションをつなぐことで対応できる機能もオプション機器を使うことなく1つの商品で実現できればそれも強みの1つになります。また、買い物客を待たせることなくスムーズに対応でき、さらに品質も高く価格も安く機器を提供できれば、商品の競合力はアップします。品質を高め（Quality）、低コストの実現し（Cost）、開発期間を短くする（Delivery）ことで勝負しようというアプローチです。しかし、同じことを他社も考えていますから、簡単には真似できない技術で効率的に早く目標を達成しなければなりません（表3.2参照）。

表3.2　競争力を高めるソフトウェア技術

目標	品質（Quality） コスト（Cost） 開発期間（Delivery）	簡単に真似できない ソフトウェア技術	解説章
顕在的価値を高める	品質	リアルタイム技術	1章
潜在的価値を高める	品質	リアルタイム性能と多用な要求 との共存	1章、 2章
		組込みソフトの信頼性向上技術	4章
コストを下げる	コスト	1CPUでの機能実現	1章、2章
開発期間を短くする	開発期間	体系的な再利用技術	3章

　第1章で解説したようなリアルタイム性能を実現する技術は組込みソフトに特有の技術であり、リアルタイム性能と多用な要求を1つのCPUで実現するにはさらに難しい技術が必要です。また、商品群全体の開発効率を高め、機能モジュールの信頼性を高めるのならば体系的な再利用技術と組込みソフトの信頼性向上技術が必要となります。これらすべてをクリアできるのは組込みソフトを極めたエンジニアであり、組込みソフトを極めたエンジニアを多く擁する組織が競争優位を得ることができます。

3-4 再利用資産の利用と管理

　ドメインエンジニアリングによって抽出された再利用資産はプログラムだけとは限りません。以下のようなものも再利用資産となります。
1.　要求分析した結果とドメイン構造図
2.　ソフトウェアのアーキテクチャ（実装方法）
3.　フレームワーク（構造・枠組み）と再利用するソフトウェア
4.　ノウハウやパターン（商品群に特化した注意点や定石）
5.　テスト計画やテストケース（テストの方法やテストケースの作り方）
6.　再利用資産の取り扱い説明書
7.　開発・管理プロセス（開発や管理の流れ）
8.　教育やコンサルティングの方法（教育およびコンサルテーションの目標や方法）

　再利用資産を作って何の基準も計画もなく使っていたのでは、場当たり的な流用と変わりありません。再利用可能な資産、特にコア資産はドメインエンジニアリングで抽出した後、アプリケーションエンジニアリングで利用し、利用した際に気づいたコア資産に対する問題点や要望をフィードバックしてマネージメントすることで体系的な再利用となります（図3.18参照）。

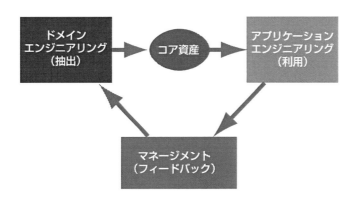

図3.18　プロダクトラインの3つの活動

　ドメインエンジニアリングによるコア資産の抽出、アプリケーションエンジニアリングにおけるコア資産の利用、マネージメントによるドメインエンジニアリングへのフィードバックは、プロダクトラインの根幹となる3つの活動です。

　ドメインエンジニアリングによって抽出されたコア資産は管理しないで放っておくと、派生がどんどんできてしまいます。自分たちのプロジェクトの中であっても、再利用資産に関するルールを作り、構成管理を行っていないと、知らず知らずのうちに派生バージョンがいくつもできてしまいます。コア資産が管理されずに派生されることを防ぐには、コア資産に対してアクセス権を設定して利用を制限するという方法もありますが、これではコア資産を使うユーザー自体が減ってしまいます。

　再利用資産を普及させるためには、再利用資産の作成者や作成プロジェクトは組織内における再利用資産のセールスマンになる覚悟が必要です。なぜなら、現場主導型の傾向が強い日本の組込みソフト開発では再使用資産が自然に浸透していくというケースはまれで、再利用資産は積極的に紹介していかなければ同じようなソフトウェアを別な部門が作ってしまうからです。

　アプリケーションエンジニアリングにおいて再利用資産を検索しやすくするためには、再利用資産に対して、RAS[1]（再利用可能な資産の仕様）にあるように、「分類（Classification）」、「解法（Solution）」、「使用法（Usage）」、「関連する資産（Related Assets）」をいった情報（インデックス）を添付します。

　再利用資産として作成した成果となるソースコードだけでは、再利用できる範囲はプロジェクトの中だけになってしまいます。再利用資産を作ったエンジニアがいなくなってしまったら、だれも使わなくなってしまうかもしれません。このような事態を防ぐためには、再利用資産の使用範囲、使い方、制限事項、再利用資産を作成したコンセプトなどを示したドキュメントが必要です。

1　RAS（Reusable Asset Specification：再利用可能な資産の仕様）：RASとはUMLを標準化したOMG（Object Management Group）が採択した、資産を再利用するための標準規格。再利用資産の分類、解法、使用方法、関連する資産について情報の表し方を規格化し、再利用資産を検索しやすく、利用しやすくするために定められました。

再利用資産の付属ドキュメントに必要な要素

1. 再利用資産の機能・性能（コア資産を利用する目的）
2. 再利用資産の利用に当たっての制約条件
3. 再利用資産の機能・性能が実装できたことを確認するための判断基準
4. 再利用資産の機能・性能を確認するための手順
5. 再利用資産の機能・性能を確認するためのツールとツールの使い方

　再利用資産はドメインエンジニアリングによって抽出もしくは作成されていますが、再利用資産がどのような商品群で使われるのか、どんな制限事項があるのか、どのように使えばよいのか、どんなコンセプトで作られているのかがわからないと、再利用資産の利用者が誤った使い方をする危険性や、期待した性能が出せない可能性が生じます。特にコア資産となるモジュールは、商品や商品群の価値が凝縮された重要な資産ですから、このモジュールの使い方を間違うとコア資産の作成者が予測しなかった制御パスを通り、フィールドで重大な不具合を発生する危険さえあります。そのような事態を防ぐためにも、再利用資産のプロフィールとなる「分類（Classification）」、「解法（Solution）」、「使用法（Usage）」、「関連する資産（Related Assets）」をいった情報を作成し、その再利用資産がどのような目的で作られたのかを明確にしておくことが重要です。そして、再利用資産のセールスマンは、再利用資産を使う可能性のあるプロジェクトに対して再利用資産のプロフィールを紹介しながら、再利用資産を利用するとどのようなメリットがあるか、どれくらい開発効率を上げることができるのかを説明します。

　もっとも、ドメインエンジニアリング、アプリケーションエンジニアリングを組織全体で実施しトップダウンでプロダクトラインを進めるのなら、このような再利用資産のセールスマンは必要はないかもしれません。しかし、すり合わせ的な開発で成長してきた日本の組織では、いきなり組織全体に横串をさすプロダクトラインの戦略は簡単には浸透しないと考えられます。したがって、再利用資産を使って組織全体の開発効率を上げるには再利用資産のセールスマンがどうしても必要になります。

コラム――再利用資産の公開のしかた

　IT（Information Technology）とは、必要な情報を早く的確に提供する技術であるとも言えます。IT技術が発達しインフラストラクチャー（基盤構造）が整備されたおかげで、エンジニアもインターネットを通じてほとんどの技術情報を検索できるようになりました。インターネットという巨大なデータベースが出現したことで、技術情報を知っているということ自体は技術者のアドバンテージではなくなりつつあります。変わって、必要な情報をインターネットや組織内のデータベースから素早く検索し、情報が必要なものかどうか、正確かどうかを見極める能力が求められるようになってきました。

　情報を利用する側の環境が変化したのと同時に情報の提供者もただ単に情報を流せばよいわけではなくなっています。情報の提供者は持っている資産の中身（コンテンツ）をできるだけわかりやすい形で利用者に提供しなければ、利用者の興味は他の使いやすい情報源に移ってしまいます。どんなに重要な資産であっても、そこに「情報があること」や「どんな利用方法がなるのか」、「どんな制限事項があるのか」、「どれくらい利用されているのか」といった情報が示されていなければ多くのユーザーが継続的に情報源をアクセスすることはないでしょう。

　この情報の開示方法を利用者のニーズに合わせて工夫し売り上げを伸ばしているのがインターネット書店のアマゾン（Amazon.co.jp）です。アマゾンは書籍や雑誌を検索し、インターネットで発注す

るだけでなく、本を買った人たちが、他にどんな本を合わせて買っているのか、どんな本が今売れているのか、これまで買った書籍の傾向から予測してどんな本がお勧めかといった情報を提供してくれます。さらに、インターネットショッピングの最大の欠点でもある予想と実物が違っていたという「期待はずれ」を解消するために出版社のコメントやユーザーのレビューといった口コミ情報を掲載し、それでも「期待はずれ」だった場合は、購入した本を中古販売する仕組みまで用意しています。

　組織内に蓄積したソフトウェア再利用資産も状況は同じで、再利用資産を利用する部門やエンジニアに、再利用資産の存在とコンテンツの概要を示すことができなければ、どんなに重要な資産であっても広く利用されることはなく、組織全体の開発効率は上がりません。

　コラム図3.4にアマゾン風に電子レジスターに関する再利用資産を公開しているイメージがあります。採用された回数順に資産を並べています。再利用資産の利用者が知りたい情報には以下のようなものがあります。

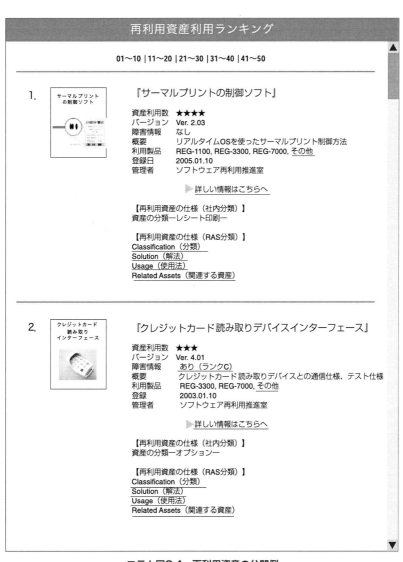

コラム図3.4　再利用資産の公開例

1. どれくらい使われているのか。どんな製品で使われたのか。
2. バージョンはいくつか。
3. どのような資産か。（分類、使い方、制限事項など）
4. 登録日はいつか。
5. 管理者はだれか。
6. 障害情報はあるか。
7. 関連する資産はあるのか。

　これらの情報がコンパクトにまとまっており、検索できるようになっていると再利用資産の利用者は資産を使いやすくなります。また、利用者側の立場に立つと、現在抱えている問題に対して解決に役立つ資産は存在するのか、関係がありそうな資産はどれなのかがわかりやすくなっていると便利です。保有している資産は同じでも、そのコンテンツを見せる順番や情報の絞り方によって、資産の利用率は変わります。再利用資産のセールスマンは資産の見せ方、情報の提供のしかたも工夫しなければいけないのです。

　再利用資産を作成しているエンジニアやプロジェクトは再利用資産を商品と考え組織内で自分たちが作成した商品を販売し、より多くのユーザーに使ってもらうことを考えます。お客様は組織内の他部門のエンジニアやマネージャです。再利用資産を売り込むために必要なものは、使用範囲や制限事項、実行環境、必要なCPUパフォーマンスの目安、メモリの使用量などがかかれた取り扱い説明書と、再利用資産の特長や採用したときのメリットがコンパクトにまとめてかかれているカタログです。再利用資産がどのような部門で使われているのか、再利用率はどれくらいなのか、どのような不具合が報告されているのかといった情報も再利用資産が採用される目安となります。

　ところで、再利用資産のセールスマンが再利用資産を採用してもらったとき、セールスマンや再利用資産を作ったエンジニアには何か得られる報酬があるのでしょうか。ボトムアップでプロダクトラインに取り組んでいる、または、プロダクトライン戦略を採用したばかりの組織では、再利用資産が採用されたときの報酬は何もないと考えた方がよいでしょう。それどころか、再利用資産を使い始めた他部門の技術者から、使い方の問い合わせや要望が殺到するかもしれません。

　再利用資産を作り普及させることを考えるエンジニアは、報酬がないかわりに再利用資産を他の部門やエンジニアに利用してもらうことで、部門内技術経営の経験を得ることができます。再利用資産を他部門で使ってもらうということは、その資産の有効性を説明し、新たにソフトウェアを作るよりもメリットがあることを理解してもらうことを意味します。これはメーカーの営業員が実際にフィールド行っている組込み機器の販売を組込みソフトエンジニアが組織内で疑似体験していることに他なりません。再利用資産を組織内でセールスすることは商品を利用するユーザーからのクレームや要望を聞き、取り扱いの商品に反映させることと同等の行為です。ユーザークレームや要望を再利用資産に反映させ、より使いやすく価値の高い資産に昇華させることができれば、組込みソフトエンジニアは技術経営者の視点と組織経営の視点の両方を学ぶことができます。

コラム——再利用資産の構成管理

　再利用資産のマネージメントで重要なのがソフトウェア構成管理です。再利用資産は他のソフトウェアモジュールと組み合わせて利用されます。そしてアプリケーションエンジニアリングで利用され、問題点の指摘や変更の要望が上がってくるため、バージョンが複数存在する可能性があります。再利用資産の利用者はひとりではないため、利用者Aに対して行った変更が、利用者Bには必要のない

変更である可能性もあります。ソフトウェアを商品として販売するベンダーが行うように、ソフトウェアのバージョンアップでは変更の内容を利用者に示し、バージョンアップしてよいかどうかを利用者が判断できるようにしなければなりません。コア資産とコア資産を利用するアプリケーションソフトウェアのバージョンの組み合わせに約束事や制限があることもあります。このような場合、不測の事態が起こったときのことを考慮してコア資産をリリースしたときのバージョンに素早く戻せるようになっていることが重要です。このようなことから、再利用資産の構成管理は確実に行われている必要があります。

　再利用資産は、ドメインエンジニアリングによって共通となる資産を抽出しますが、抽出した共通資産を派生しなければならないケースも必ず発生します。だからこそ、プロダクトラインの3つの活動のうちマネージメントのステージは欠かすことができないのです。

コラム——プロダクトライン（体系的再利用）適用の効果】

　体系的な再利用の取り組みであるプロダクトラインを最初に実践すると、再利用資産の使用方法や制限、再利用資産が実装できたことを確認するための判断基準や手順、テスト用のツールなどを用意しなければいけないため、通常の開発よりも多くの工数（人月）を開発期間がかかります。しかし、再利用資産を整備し、派生開発を1回、2回と重ねていくと開発工数と期間は飛躍的に減少していきます（コラム図3.5参照）。

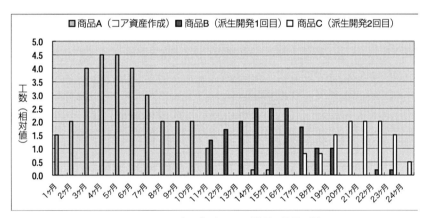

コラム図3.5　プロダクトライン適用の効果の例

　コア資産を整備する最初のプロダクトライン開発ではプロジェクトメンバーにはいつもの開発よりも多くの負荷がかかるかもしれません。しかし、その壁を乗り越えることができると、その後には効率化された派生開発のステージが待っています。派生開発により効率化が進むとエンジニアに余裕が生まれ、コア資産の価値をより一層高めるための検討を行うことも可能です。

　なお、プロダクトラインによる効果を示すためには、ソフトウェア開発にかかった費用、工数、期間などをできるだけ詳細に記録しておくことがとても大事です。できることならば、機能モジュールの作成ごとにどれくらいの作業工数がかかったのか、派生開発ではどれくらいの作業工数が削減できたのか、コア資産の管理にはどれくらいの費用がかかるのかといったデータを収集しておけば、プロダクトライン戦略を組織全体の取り組みに広げるときの重要かつ有効な資料となるでしょう。

3-5　コア資産の信頼性検証

　コア資産は商品群の価値が凝縮された再利用資産であり複数の派生製品で使われるため、その信頼性は非常に高いものが要求されます。コア資産の信頼性検証は他のソフトウェアモジュールよりもより綿密に行われる必要があり、コア資産に不具合が入り込んでいると、商品群全体にその不具合をまき散らしてしまうことになりかねません。コア資産をアプリケーションエンジニアリングで安心して使ってもらうためには、コア資産のソフトウェアモジュールをパソコンでシミュレーションテストする環境を作ることも有効です。シミュレーションテスト環境を用意するには、対象となる再利用資産のソフトウェアを作成すること以上に時間や工数がかかりますが、一度シミュレーションテスト環境が用意できれば、その環境やテストケースなどもコア資産とともに再利用することができます。

コア資産のシミュレーションテスト

　電子レジスターの印刷機能のような数 ms オーダーでの制御をパソコンでシミュレートすることは難しいし、シミュレートできたとしてもサーマルプリンタの印刷品質をパソコンで確認することはあまり意味がないでしょう。しかし、どこでも同じ環境を再現できる共通プラットフォームであるパーソナルコンピュータは組込みソフトの信頼性検証にとって高い利用価値があります。

　問題は、Windows がリアルタイム OS ではないため、リアルタイム性の求められる処理をシミュレートすることが難しい点と、パソコンは汎用的なハードウェアデバイスしか搭載されていないので、組込みソフトのモジュールをパソコン上で動かすためにはハードウェアの機能をソフトウェアで置き換える必要があるということです。

　リアルタイム OS やハードウェア機能のシミュレーション機構を作ることは、組込みソフトの実体を作る以上に時間と手間がかかるものです。しかし、商品群の価値が凝縮され何度も再利用されるコア資産に対しては、時間と手間がかかってもパソコン上でのシミュレーション環境を用意することは有効です。

　アプリケーションエンジニアリングでコア資産を利用したときにコア資産の機能・性能が実装できたことを確認する必要があるわけですが、このときコア資産への考えられるすべての入力パターンテストを実機で行うことは難しいからです。このとき、コア資産への入力、特に境界値や異常入力に対する結果が期待どおりかどうかをパソコン上でシミュレーションできていれば、アプリケーションエンジニアリングでコア資産を実装するときの結合テストを最小限に抑えることができます。パソコン上ならば、境界値や異常入力を表計算ソフトで作成しておき、ファイルからコア資産へ入力を与えることも可能です（図 3.19 参照）。

1ch簡易オシロスコープの例

　コア資産をパソコン上でシミュレーションテストすることが有効な具体的な例を紹介します。組込み機器の開発ではソフトウェアエンジニアもプリント基板上の回路に電気信号が正しく流れているかを確認するためにオシロスコープを使うことがあります。図 3.20 は、このようなオシロスコープの簡易版で 1ch の電気信号の監視ツールです。信号ピックアッププローブから信号を拾い上げ、入力信号と信号を除去した後の出力信号を小さな LCD の窓で確認しながら、パソコンに USB 接続しデータを格納することができます。

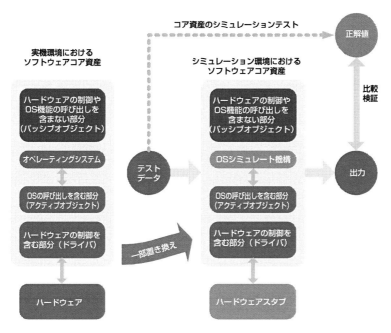

図3.19　コア資産のシミュレーション環境

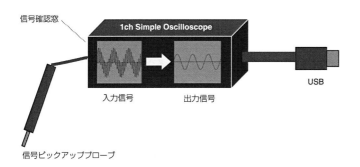

図3.20　1ch簡易オシロスコープ

　ピックアッププローブから入力される電気信号には、確認したい信号成分以外の高い周波数のノイズ成分も含まれているため、デジタルフィルタを使ってこのノイズを除去します。ノイズを除去するハイカットフィルタのカットオフ周波数[1]はバリエーションがあり、これらのハイカットフィルタのバリエーションにより、1ch簡易オシロスコープの商品群が構成します。

　図3.21（次ページ）を見ると、ドメインが以下のように分かれています。

1.　波形表示
2.　信号計測アプリケーション
3.　信号入力
4.　ノイズフィルタ
5.　USBインターフェース
6.　リアルタイムOS

1　カットオフ周波数：カットオフ周波数とはフィルタなどで入力信号が-3dB減衰する周波数のポイントを示す。入力信号の減衰を目的としたフィルタなどで、どのくらいの周波数でフィルタが効き始めるのかを知る目安とします。

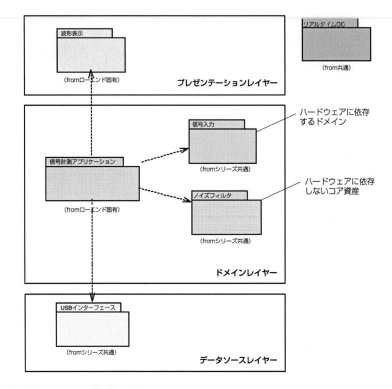

図3.21　1ch簡易オシロスコープのドメイン構造図

　図 3.21 では、信号計測のドメインとして、ハードウェアに依存する「信号入力」ドメインと、ハードウェアには依存しない「信号計測アプリケーション」ドメイン、「ノイズフィルタ」ドメインを意図的に分けてあります。これは、ハードウェアに依存しない「信号計測アプリケーション」のドメインと「ノイズフィルタ」のドメインはハードウェアデバイスの変更に引きずられないため、コア資産の中でも寿命が長く、「ノイズフィルタ」は単体でハイエンドモデルとなる高機能オシロスコープにも使用できると考えたからです。ハードウェアに依存する信号入力のドメインは、キーデバイスである A/D 変換器[1] とのインターフェースを取る部分のソフトウェアモジュール（ドライバ）です。「信号入力」ドメインでは安価で高性能な A/D 変換器が今後登場してくる可能性は十分に考えられるので、「信号入力アプリケーション」ドメインと「ノイズフィルタ」ドメインからは分離しておき、A/D変換器などのキーデバイスが変更になっても、ソフトウェアを修正しないで済むようにドメインを分けています。

コア資産のシミュレーション検証

　1ch 簡易オシロスコープに対して、実機上ではなくパソコンでのシミュレーションでデータを入力するため方法を考えてみます。

　1ch 簡易オシロスコープのコア資産である「ノイズフィルタ」をシミュレーションテストするために図 3.22 のような構成を考えます。図 3.22 におけるリアルシステムとは、実機上で A/D 変換器から信号を取り込み、ノイズファイルであるハイカットフィルタを通して LCD ディスプレイに波形を表示する最終製品の構成です。一方、バーチャルシステムとは信号データを A/D 変換器からではな

1　A/D 変換器：アナログ信号をデジタル信号に変換するデバイス。

く、パソコン上のファイルから取り込みハイカットフィルタを通してパソコンのディスプレイに結果を表示させるシステムです。バーチャルシステムの構成ができれば、図3.23のように複数のフィルタを簡単に試してみることも可能になります。

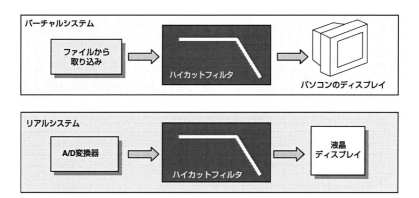

図3.22　ノイズフィルタをシミュレーションテストする

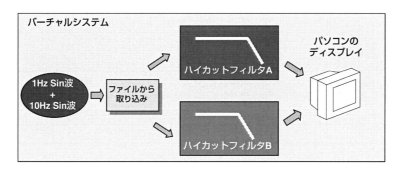

図3.23　複数のフィルタをシミュレーションテストする

　コア資産のシミュレーション環境を用意することで、コア資産のテスト環境と複数のフィルタの効果確認などの要素技術の検討の両方を構築することが可能になります。要素技術をシミュレーション環境で検討できるようにしておくことは、コア資産を市場の変化に追随させるために必要であり、コア資産をブラックボックスにしないためにも有効です。

　リアルシステムとバーチャルシステムを同時に実現するモジュール構成（クラス図）を次ページの図3.24に示します。各モジュール（クラス）が、図3.21「1ch簡易オシロスコープのドメイン構造図」のどのドメインに所属しているかはモジュール名（クラス名）の「::」の左側を見るとわかります。例えば、リアルシステムの信号入力クラスの場合、「信号入力::リアルシステムの信号入力」と書かれているため、「リアルシステムの信号入力」モジュールが「信号入力」ドメインに所属していることがわかります。

　「リアルシステムの信号入力」、「バーチャルシステムの信号入力」、「デモンストレーション波形の入力」の3つのモジュールは、信号入力のモジュールを通して共通のインターフェースでアクセスされます。オブジェクト指向言語を使っていれば、派生の仕組み[1]により3つのモジュールを切り替えることが簡単にできます。

1　派生の仕組みを利用する：純粋仮想クラス（基底クラスの仲間）と派生クラスの関係を使うと、インターフェースが同じで、手続きの内容を変えた派生クラスをいくつも作り、容易かつ安全に機能を差し替えることができます。

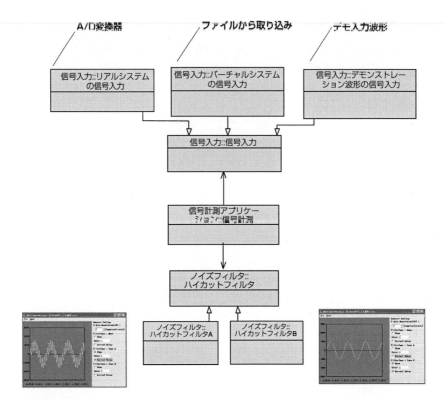

図3.24　1ch簡易オシロスコープのクラス図

　「リアルシステムの信号入力」モジュールには、A/D変換器へのハードウェアアクセスとリアルタイムOSへのシステムコール発行が隠蔽されています。10ms毎にA/D変換を駆動するというシステム全体のタイムベースも「リアルシステムの信号入力」の中で作られているため、「バーチャルシステムの信号入力」ではリアルタイム性を意識する必要はありません。自分の都合の良いインターバルで入力データをデータファイルから連続的に読み込むことができます。デモンストレーション波形の入力は入力の手段がないときに疑似波形が繰り返し入力できるような仕組みになっています。「信号計測」モジュールは、これらの3つの入力方法のうち、1つを選んで入力の手段を決めます。

　ノイズフィルタとして検討用に用意したフィルタAとフィルタBも「信号入力」モジュールと同様に「ハイカットフィルタ」モジュールを通して「信号計測」とインターフェースします。

　「バーチャルシステムの信号入力」モジュールを使用した場合、パソコン上のファイルシステムを通して、あらかじめ用意した波形データをファイルから1つずつ読み取ります。表計算ソフトでsin波や、三角波などのデータを作ったり加工したりしてテキストファイルなどに落とし、「信号入力」モジュールを通して「信号計測」モジュールにデータを渡します。実際には入力範囲の最大、最小にまで届くような巨大入力や、反対にA/D変換器のノイズレベルの微少な振幅の入力、複数の周波数を合わせた波形などを擬似的に作ることが簡単にできます。

　1ch簡易オシロスコープでは、0.1Hzから2.0Hzまでの周波数の信号を見ることを目的としており10Hz以上の周波数の波形はカットすることが要求されています。用意したカットオフ周波数8.4HzのフィルタAと、カットオフ周波数4.3HzのフィルタBに対して、目的の信号に見立てた1Hzのsin波にノイズに見立てた10Hzのsin波を重畳させた波形データを入力して見た結果が、図3.25と

なります。入力波形データは表計算ソフトで作成し、図3.24「1ch簡易オシロスコープのクラス図」
のバーチャルシステムの信号入力を駆動するアプリケーションソフトウェアはパソコンの汎用的な
開発環境で作りました。

図3.25を見るとわかるようにカットオフ周波数8.4HzのハイカットフィルタAは、1Hzのsin波
に重畳させた10Hzのsin波を十分に除去できておらず、カットオフ周波数4.3Hzのハイカットフィ
ルタBは、10Hzのノイズを完全に除去できています。この比較実験の結果、10Hzのノイズに対し
てはフィルタBがより有効であることがわかりました。

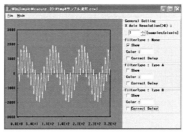

入力波形（1Hz+10Hzのsin波）

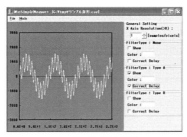

フィルタAの出力

✗ 10Hzのノイズを除去し切れていない

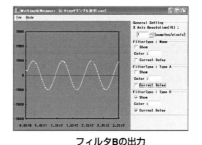

フィルタBの出力

◯ 10Hzのノイズを除去できている

図3.25 フィルタAとフィルタBを試してみた様子

パソコンの汎用的な開発環境を利用すると、あらかじめ用意された豊富なグラフィックユーザー
インターフェースや、ファイルシステムを利用できるので便利です。そして、パソコンで利用した
「バーチャルシステムの信号入力」モジュールを「リアルシステムの信号入力」モジュールに切り替
えれば、「信号計測」モジュールと「ハイカットフィルタ」モジュール、「ハイカットフィルタB」モ
ジュールに手を加えることなく実機環境で使うことができます。

ハードウェアやリアルタイムOSをアクセスするモジュールをコア資産やコア資産のアプリケー
ションソフトから切り離すことができれば、このようにシミュレーション環境でコア資産をテスト
することができます。バーチャルシステムでのテストが可能になると、パソコンでいつでもテストが
できるため、コア資産の検証を効果的に行うことが可能です。コア資産への境界値の入力を含んださ
まざまなテストケースを準備しておけば、コア資産に手を入れたときに、変更点が既存ソフトウェア
に影響を及ぼさないかどうかを確認する回帰テスト[1]も容易に実施することができます。

---

1 回帰テスト（regression test）：プログラムを変更した際に、その変更が既存機能に悪影響を与えていないかどうかを確認する
テスト。

第**4**章

品質の壁を越える

4-0　組込みソフトに求められる潜在的価値

　組込みソフトは高い安全性や信頼性が要求されています。図4.1にあるように、組込み機器や組込みメーカーには顕在的価値と潜在的価値の両方が求められています。

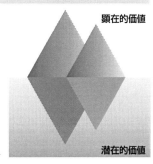

組込み製品には「顕在的な価値」と「潜在的な価値」の両方が求められる

顕在的価値
―ユーザーの本質的な要求
　　何をしたい？　何を解決したい？　どうなるとうれしい？
―要求を満たすためのサービスや機能
―要求から導き出される製品の本質的特徴
―使いやすさ、わかりやすさ

潜在的価値
―製品の品質（安全・信頼できる・壊れにくい）
―保守性（故障しても直してくれる、直しやすい）
―使い方のわからないところはすぐに教えてくれるサービス

図4.1　組込み機器に求められる価値

　組込み機器に求められる顕在的な価値とは、商品の目に見える部分での機能や性能です。一方、組込み機器に求められる潜在的な価値とは商品の表面には出てこないものの、ユーザーが機器を安心して使うために必要な機能、性能、サービスであり、ユーザーとメーカーを結ぶ信頼関係のきずなでもあります。

　ユーザーの信頼を裏切るような組込み機器の不具合が発生するとその商品のみならずメーカー自身の信用が失われます。組込み機器を作る組織には「安全で信頼できる」、「壊れにくい」、「フェイルセーフの設計[1]」といった暗黙の品質が要求されており、組込み製品の安全性や信頼性の高さは日本のブランドイメージでもあります。

1　フェイルセーフ：装置が故障したときに発生する被害を最小限にとどめるような設計にすること。

　ところが、ユーザー要求が多様化し組込み製品におけるソフトウェアの規模が増大してくると、ソフトウェアに起因した製品のリコールが少なからず発生するようになってきました。ソフトウェアに起因するリコールが発生し莫大な回収費用がかかり社会問題にまで発展すると、対象となる製品を担当するプロジェクトマネージャやエンジニア、品質保証担当者は問題に正面から向き合い再発防止策を考えなければなりません。しかし、簡単に答えがでるほど原因は単純でないため、新しい製品をリリースするたびに「また、リコールを起こすかもしれない」と苦悩することになるのです。組込みソフトウェアの規模は日に日に大きくなっており技術者への負担も増大しています。規模が大きくなっても製品に求められる信頼性は変わらないので、このような心配はなかなか解消されません。

　開発の現場でよく聞かれるのはこのような問題を解決する自動テストツールなど即効性のある対策はないのかという声です。しかし、そのような都合の良い特効薬があるはずもなく、組込みソフトエンジニアがソフトウェアの信頼性向上技術を習得せずして増大した組込みソフトウェアの信頼性を確保することはできません。また、組込みソフトの品質向上というテーマは体系的再利用と同様に、技術者個人だけの努力では達成しきれない目標です。プロジェクトや組織全体で取り組んでいく必要があります。

　ソフトウェアの品質の向上のためにどれだけ自信を持って取り組んだのかを客観的に示すことができれば、その積み重ねがそのまま組み込み機器の潜在的価値の高さを証明する証拠になり、同時にリリースした組込み機器の信頼性が高いという自信につながります。

　第3章で説明したように組込み商品群における再利用資産を摘出し、信頼性を十分に検証した上で利用すれば商品群全体の信頼性を高めることができます。また、再利用資産は派生開発で繰り返し利用されるため、信頼性を証明したテストケースや検証結果自体も継承することができます。この流れに乗ることができれば、商品をリリースするたびに自分たちが作ったソフトウェアに対する自信はより深まるでしょう。

　第4章では、組込みソフトエンジニアやプロジェクトが組込みソフトウェアの品質向上の技術と具体的な施策を紹介し、どうすれば組込み機器の潜在的な価値を高めることができるのかを解説していきます。

4-1　組込みソフトの品質向上の考え方

　ミドルレンジ電子レジスターグループの製品担当課長である室井はソフトウェアが原因の回収が増えており、再発防止策を講じるように組織上位層から指示を受けています。

室井■立花君、ソフトウェアの再利用についてはわかったが、組込みソフトウェアで不具合を起こさ
　　　ないようにするにはどうしたらいいんだ。自動テストツールみたいなものを導入すればいい
　　　んだろ。

立花■室井課長、そんな方法で解決できるのなら誰も苦労しませんよ。この半年間特命プロジェクト
　　　でいろいろ研究しましたが、わかったのはソフトウェアの品質向上に即効性のある対策はな
　　　いということです。技術者個人、プロジェクト、組織、それぞれが必要な施策を進めていかな
　　　ければソフトウェアの品質は上がりません。

室井■でも、昔はそこまで大がかりなことをしなくても品質は保たれていたじゃないか。

立花■それは、ひとりの技術者が製品全体を見渡せていたからです。昔に比べて、組込みソフトウェ

アの規模が大きくなったのでソフトウェアの複雑性が一気に増したんです。試作機をランダムテストするだけではバグを取りきれなくなったということです。

組田■立花先輩、僕は、テストとレビューの技術を高めることが大事だと思うんですがどうですか。

立花■もちろん、テストやレビューも大事だけど、組込み機器に求められる安全性や信頼性に優先度を付けて、大きなユーザーリスクから順番に取り除くようなアプローチを取っていかないといつまでたっても自信を持って製品をリリースできるレベルに達しないのさ。ソフトウェアの品質向上というテーマは体系的なソフトウェアの再利用と密接な関係があるんだ。

室井■それって、枯れたソフトウェアを使えば安全だっていう話だろ。

立花■基本的にはそうです。枯れたソフトウェアの信頼性が高いという経験則をきちんと理論的に理解し、組織的かつ体系的に実践していく必要があるということです。

室井■ソフトウェアの不具合が原因の回収については、今、会社全体の問題になっているんだ。立花君、しっかり指導を頼むよ。

　かつて、組込みソフトウェアの規模が小さかったときは、ハード、ソフトの知識を持ち合わせたひとりのエンジニアが製品の機能、性能を実現していました。ソフトウェアの大きさも1000行以下と小さかったため、出来上がった試作品をランダムテストするだけでほとんどの制御パスを網羅したテスト[1]ができていました。不具合が発生しても担当するエンジニアがシステムの全体像を把握しているためどこに問題があるのかすぐに見つけることができます。

　しかし、ユーザー要求が多様化し、ソフトウェアの規模が増大した今では状況が変わっています。組込み機器のソフトウェアは複数のエンジニアの共同作業で作られ、大部分のソフトウェア開発を協力会社に委託したり、場合によっては中国などの海外で作ることもあります。組込みソフトウェアは個人で作るものからプロジェクトチームで開発するものに変化しています。

　チームでソフトウェアを作るようになると、それまで気にする必要のなかった、「コミュニケーション不足による勘違い」、「プログラミング技術のばらつき」、「エンジニアのモチベーション維持への配慮」など、さまざまな問題が発生します。このような問題のうち、組込みソフトウェアの品質に影響を与える最大の要因は「人間は機械のように緻密ではなく過ちを犯しやすい」という点です。

　組込みソフトウェアがエンジニアの日々の活動の積み重ねで作られている以上、人間のミスはソフトウェアの中にすり込まれていきます。いつも慎重でめったに間違いをしない人でも、疲れていたり、心配事があったりすると、冷静な判断ができないこともあります。もちろん、石橋を叩いて渡るような注意深いエンジニアばかりを集めてプロジェクトを編成すればソフトウェアの品質は向上するでしょう。しかし、実際にはプロジェクトメンバーのスキルにはばらつきがあり、組込みソフトの品質のすべてを技術者個人の能力に頼ることには無理があります。

　信頼性の高い組込みソフトウェアを作るには、不具合のもとを作り込む原因となっている人間の「活動」をコントロールしないといけません。ここで、「人間をコントロールする」と言わずに「人間の『活動』をコントロールする」と言っていることに注意して下さい。一見、技術者自体をコントロールすることが不具合の減少を促進するようにも思えますが、「技術者をコントロールする」という、見下したようなスタンスを取ると技術者はモチベーションを著しく下げてしまい、不具合を作り込みにくくする以前に生産効率が大幅に下がってしまう危険性があります。

1　制御パスを網羅したテスト：モジュール内のロジックをすべて通すテスト。ソフトウェアの規模が大きくなるとすべての制御パスを網羅したテストを実施することが難しくなります。テストの網羅性の指標をカバレッジといいます。

　経験を積んだプロジェクトマネージャはソフトウェア開発が遅れたときに、闇雲に人を投入すれば増員する前よりも効率が落ちプロジェクトは失敗に向かうということを知っています[1]。

　逆に、ソフトウェアエンジニアに働きやすい環境を用意し、モチベーションが高まるように誘導することで技術者のパフォーマンスは2倍にも3倍にも上がります。だからこそ、信頼性の高い組込みソフトウェアを実現するためには「人間をコントロール」するのではなく、「人間の活動をコントロール」することを意識し、エンジニア個人には適切な教育を受けさせ、適切に指導することで対応しなければならないのです[2]。

過ちを犯しやすい人間の活動をコントロールするための取り組み

　ソフトウェアの品質向上を目的としたアクティビティ（活動）を過ちを犯しやすい人間の活動をコントロールするとうい視点で分類すると大きく「人間の過ちを軽減するアクティビティ」と「人間の介在を少なくするアクティビティ」の2つに分けることができます（表4.1参照）。

表4.1　過ちを犯しやすい人間の活動をコントロールする

人間の過ちを軽減する アクティビティ（取り組み）	人間の介在を少なくする アクティビティ（取り組み）
プロセスの定義	MDD（モデル駆動開発）
リスク分析	ソフトウェア資産の再利用
コーディングルールの定義	優れたアーキテクチャフレームワークの採用
静的コード解析	
メトリクス分析による指導	
テスト・レビュー・インスペクション	
ソフトウェア資産の再利用	
不具合・仕様変更データベースの整備	
UMLによるシステム構造の階層化	
信頼度成長曲線の分析	

　人間の過ちを軽減する取り組みとしては、「プロセスの定義」、「リスク分析」、「コーディングルールの定義」、「テスト」、「レビュー」などがあり、人間の介在を少なくする取り組みとしては、「MDD（モデル駆動開発）」、「ソフトウェア資産の再利用」、「優れたアーキテクチャ・フレームワークの採用」などがあります。前者は人間が過ちを犯しにくくする、または、作り込んでしまった不具合を取り除くといった活動であり、後者はそもそも人間の介在自体を減らして不具合を入り込みにくくする活動です。

　かつてソフトウェア技術者が行っていたアセンブラのコーディングの作業はコンパイラが肩代わりして技術者からアセンブラコードを隠蔽したことで、人間の介在が少なくなり不具合が入りにくくなりました。この考え方の延長線上でCやC++のコードを書く作業をモデルコンパイラに隠蔽し、人間はモデルを書くだけでよいとしたのがモデル駆動開発であると考えることもできます。しかし、Cコンパイラやモデルコンパイラの出現でコードを作り込む人間の介在が少なくなった一方、コンパイラに隠蔽された変換ソフトウェアに求められる信頼性は逆に高くなり、この部分に不具合があると逆にバグをばらまいてしまう危険性があります。再利用されるソフトウェアは単発で作成す

1　フレデリック・P・ブルックス・Jr.『人月の神話——狼人間を撃つ銀の弾はない』（滝沢、富沢、牧野訳、丸善発行）
2　トム・デマルコ、ティモシー・リスター『ピープルウエア——働きやすい職場をつくる人間関係の極意』（日立ソフトウェアエンジニアリング生産性研究会訳、日経BP出版センター発行）

るソフトウェアよりも求められる信頼性は高くなり、再利用性が高く商品の価値が凝縮されている
コア資産の信頼性を高めると、単体の商品のみならず商品群全体の価値が高まります。

信頼性向上のプロセスと各フェーズにおける具体的施策

　図4.2をご覧下さい。これがソフトウェア信頼性向上のプロセスと組込み製品の関係の基本形で
す。

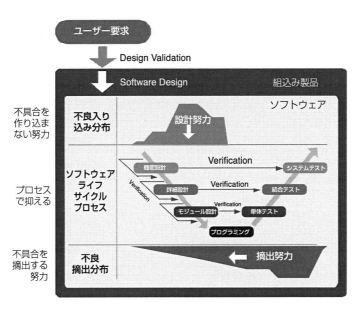

フェーズ	信頼性向上の具体的な施策
Design Validation （設計の妥当性確認）	ユーザー要求の分析、品質機能展開、プロダクトリスク分析
設計努力	要求分析、UML、構造化分析、レビュー、インスペクション
摘出努力	レビュー、インスペクション、統計分析、不具合データベース、信頼度成長曲線、各種テスト
プログラミング	コーディングルール、コードインスペクション、静的解析、メトリクス分析

図4.2　信頼性向上のプロセスと各フェーズにおける具体的施策（参考：保田勝通『ソフトウェア品質保証の考え方と実際』（日科技連出版社、1995年、p.36）（一部改変）

　ソフトウェア信頼性向上のプロセスと各フェーズにおける具体的施策の各パートを見ていきま
す。まず、図の中心部にあるのがソフトウェア開発で一般的なV字プロセス[1]です。
　V字プロセスに沿ったソフトウェア開発全体の流れは「機能設計」→「内部設計」→「詳細設計」
→「プログラミング」→「単体テスト」→「結合テスト」→「システムテスト」となります。

1　一般的なV字プロセス：既存の資産を利用する場合、ゼロからの出発ではないため厳密なV字プロセスではなく、インクリ
　　メンタルな開発プロセスの要素が含まれていると考えられます。

　場合によっては、一部の機能を要素技術の検討という位置づけで本体のソフトウェア開発に先駆けて着手したり、「要求定義」→「基本設計」→「試作」→「検証」というフェーズを繰り返す反復型のプロセスを採用することもあるでしょう。しかし、できあがった最終製品がユーザー要求をもれなく満たしており、ユーザーに不利益を与えないことを証明するためには V 字プロセスを使って検証結果を示すことができるようになっている必要があります。製品開発時に何回か手戻りがあったとしても、最終的には V 字プロセスに沿って、要求仕様、詳細仕様、テスト仕様、テスト結果、検証結果などの一貫性を説明できなければ検証活動の整合性を証明することができません。

　プロセスの流れにおいて着目しなければいけないのは、プロセスに対する入力と出力です。各プロセスに入力した内容とプロセスを経て出力された内容に不整合があってはなりません。

　機能設計のアウトプットとして機能仕様書が、詳細設計のアウトプットとして詳細設計書が、モジュール設計のアウトプットとしてモジュール設計書が作成されます。機能仕様書が詳細設計書のインプットになるわけですが、詳細設計のアウトプットとして作成された詳細仕様書と機能仕様書の間に矛盾がないように検証（Verification）活動を行うことが重要です。各プロセスの入出力に整合がとれていないと、どこかで矛盾が生じてしまう可能性があります。それでは、わざわざプロセスを分けている意味がありません。

　小規模のプロジェクトに ISO9000[1] などのプロセス思考を導入すると、ドキュメント作成などの余計な手間が増えてかえって開発効率が下がったと技術者の間に不満が広がる場合があります。これは単なる技術者のわがままではなく、ある意味真実を語っています。要素技術の開発から製品のリリースまで同じ技術者が関わるような典型的な日本の小規模組み込みソフトウェア開発では、ハードウェアからソフトウェアまで製品のすべてを知り尽くした技術者たちが製品の全体構成を考えていました。このようなオールラウンドプレーヤーにとって、作業をプロセスで切断し、プロセスとプロセスの間でレビューを実施して評価会議でコンセンサスを得るというまどろっこしいスタイルは開発効率の低下にしか考えられないという主張も十分に理解できます。

　しかし、組織としてソフトウェアの品質を商品の価値としてとらえ、ソフトウェアの品質が高いことを内外に証明したいのであれば、各プロセスの終了のタイミングで成果物の信頼性を検証する必要があります。

　エンジニアの暗黙知で製品開発を行ってしまうのは「品質」高いのか低いのかを証明できない状態であり、ユーザーに不利益を与える不具合を起こさないという企業責任を果たしているとは言えないのです。小規模プロジェクトの場合、プロジェクトリーダーは優秀でかつ慎重に設計を進めるエンジニアを選抜してプロジェクトメンバーを構成すれば、プロセスを定義しなくても信頼性の高い組込みソフトウェアを作ることができるという経験則を持っています。そそっかしい技術者が紛れ込んだプロジェクトでプロセスを厳しく管理するよりも、優秀で慎重な技術者だけでプロジェクトを組織した方が最終製品の品質が高いことを肌で感じ取っているのです。

　しかし、技術者の暗黙知で最終製品にまで仕上げてしまったソフトウェア資産は再利用可能でしょうか。中身がガラス張りになっていないソフトウェア資産を使うにはリスクが伴います。時間と労力をかけて十分に検証したソフトウェアモジュールを商品群や組織内の共通資産として再利用しなければ、開発効率と品質の向上を両立することはできません。したがって、優秀な技術者が作った

1　ISO9000：ISO9000 シリーズ（品質マネジメント規格）は、供給者に対する品質管理、品質保証の国際規格。ISO9000 シリーズの認証を取得するためには、第三者によって組織の品質マネジメントシステムを審査してもらう必要があります。現在では、100 を超える国が国家規格として制定しており、140 カ国の約 40 万の機関が認証を取得しています。

ソフトウェアモジュールであっても、仕様を明確にし、きちんと検証を行い、検証の結果を残しガラス張りにしてそれらの資産を再利用すべきなのです。そうしなければ、優秀な技術者が作ったソフトウェアモジュール群でも、その仕様と使い方を知っているのはその人しかいないということになり、限られた範囲での再利用にしかならないのです。また、再利用資産を作成した技術者が何かの理由で組織を離れたら、その貴重な資産はいずれ闇の中に消えていってしまいます。信頼性が検証されたソフトウェアモジュールは組織の貴重な資産であり、「品質」という顧客満足度を高めるための重要な武器になると考えるべきです。

　プロセスの入出力の検証とともに重要なのは、機能設計（機能仕様）に対するシステムテスト、内部設計（内部仕様）に対する結合テスト、詳細設計（詳細仕様）に対する単体テストという組み合わせの検証です。非常に基本的なことですが、あらかじめ定めた仕様にもれなく適合しているかどうかを、単体テスト、結合テスト、システムテストで確認していきます。ただし、開発の上流工程で完全な仕様、完全なテストを設計することは非常に難しいため、仕様やテストケースの漏れは当然のように生じます。このような漏れに対して、ユーザーにとってリスクとなる、また、ユーザーにとっての価値を低めるような不具合がないかどうかを、全体から確認するのが、図4.2「信頼性向上のプロセスと各フェーズにおける具体的施策」のソフトウェア信頼性向上のプロセスと組込み製品の関係の基本形のDesign Validation（設計の妥当性確認）、Software Validation（ソフトウェアの妥当性確認）になります。

不具合を作り込まない努力と不具合を摘出する努力

　図4.2「信頼性向上のプロセスと各フェーズにおける具体的施策」ではV字プロセスの左と右に対して「不具合を作り込まない努力」（設計努力）と「不具合を摘出する努力」（摘出努力）の分布が表されています。プログラミング（コーディング）から、単体テスト、結合テスト、システムテストといった流れの中で不具合を摘出していくという考え方は一般的で説明しなくてもたいていのエンジニアは理解していますが、機能設計、内部設計、詳細設計というフェーズにおいて「不具合を作り込まない努力をしている」という意識を持つことが重要です。どんなに、不具合の摘出技術が優れていても設計段階でそれ以上に不具合のもとを作り込んでしまっていれば不具合の摘出作業はなかなか収束しません。設計段階で不具合を起こす代表的な例は「あいまいな仕様」です。

　発注者があいまいさを排除した仕様を提示し、サプライヤ（ソフトウェアの供給者）が提出したアウトプットが提示した仕様に合致しているかどうかを確認しない限り、そのソフトウェアモジュールの信頼性がもれなく検証されているとは言えません。「サプライヤを信用しているから大丈夫」というロジックは、ソフトウェアの品質を示す手段がないだけに、「大丈夫かもしれないし」、「大丈夫でないかもしれない」不安定な状態です。次節で説明するようにValidation（妥当性確認）でユーザーニーズの適合性を確認する方法はありますが、ソフトウェアモジュール1つ1つが検証できていない状態では、十分にValidationがなされているとは言えず、リスクが残ったまま商品が出荷されてしまう可能性があります。

コラム——良いソフト屋さんと悪いソフト屋さん

　ソフトウェアをよく理解していないマネージャやクライアントは時として非常にあいまいな仕様を指示することがあります。このようなあいまいな要求仕様のままで、製品開発をスタートさせしまうと検証の際に仕様の完成度が低いため網羅性の高いテストケースを設計することができません。

　ソフトウェアをよく理解しない発注者にとっては、発注者に仕様を確かめるのが「良いソフト屋さん」で、あいまいな仕様に対して確認もせずに「発注者の意図とは違う」仕様を考えてしまうのが「悪いソフト屋さん」ということになります。発注者に仕様を確かめることなく、発注者の意図を汲み取って詳細仕様を考えることができるのは「とても優秀なソフト屋さん」ということになります。このような以心伝心とも言える「ソフト屋さん」を確保した発注者は一見とても幸運なように見えますが、これでは100％人に依存したソフトウェア開発となり、場合によってはソフトウェアモジュールの供給者に詳細仕様の決定権を握られることになるでしょう。金銭的な面でも「とても優秀なソフト屋さん」をキープしておくために多額の資金を必要とし、また、契約料の値上げの要求にも応じざるを得なくなります。優秀な技術者が正当に評価されることはよいことですが、ソフトウェアの発注者がソフトウェアモジュールをブラックボックスとして扱うと、発注者はソフトウェアモジュールの信頼性を証明する権利を放棄したことになり、エンドユーザーに対して品質という価値を提供できているかどうかを示すことができなくなります。

4-2　ベーシックな活動を通してシステムの信頼性を高める

コーディングルールとプロジェクト管理

　ソフトウェアは技術者の毎日の作業の積み重ねで作り上げていきます。規模の大きいソフトウェアシステムでは、何人か、または何十人かの技術者の共同作業となります。何人ものプロジェクトメンバーがいれば当然スキルにもばらつきが生じます。ソフトウェアの品質を考える場合、プロジェクトメンバーのスキルのばらつきは大きな問題です。なぜなら、設計スキル、検証スキルが未熟な技術者本人がそうしたいと考えていなくても重大なバグを作り込んでしまう可能性があるからです。要求を分析せずに、いきなりプログラムを書き始め、動いた時点で十分に確認もせず「できました」と上司に報告したり、中身を理解せずに既存のプログラムの一部をコピー＆ペーストしてしまうようなプログラマが作るプログラムにはバグが潜んでいる可能性があります。

　ソフトウェアシステム全体の品質の最低ラインを確保するためにはプロジェクトメンバー全員に一定のルールを守ってもらう必要があります。ひとりひとりが独自のルールを持っており、それぞれが自己責任のもとで品質を高めているという状態では、システム全体の品質が確保されているとは言えません。対象となるプログラムがプログラムを作成した本人にしか理解できない状態だと、個々のプログラムの完成度が高くても、プログラムを作成した技術者がいなくなったとたんに保守できないブラックボックスのソフトウェアになってしまうからです。もちろん、人がプログラムを作っている以上、その人のくせのようなものが必ずソースコードに現れることはあります。しかし、ある一定のルールや作法をプロジェクトや組織内で定め、その規定をメンバー全員が守ることを習慣づけなければ他人のコードを読んでプログラムの流れを追うことはできません。

ルールの例
- ソースファイルのヘッダーコメントの書式
- 関数ヘッダーの書式（作者、作成日、機能、引数の説明など）
- 関数、変数のネーミングルール
- ファイル名のネーミングルール
- コーディング規約
- 関数の複雑性の基準（1つの関数の最大行数、ネストの深さの上限など）

● 変更履歴の記述のしかた

● ソフトウェアバージョンの付け方

　このようなルールは作業開始前に規定し、メンバー間で合意した上で周知徹底し、逸脱した場合は修正を指示するという手順を繰り返す必要があります。会社組織なら就業規則などのルールを定め周知徹底するという行為は普通に実施されていると思います。しかし、ソフトウェアエンジニアはプログラミングしているときだけは自分だけの世界に入り込むことができるので「自分が決めたルール以外には従いたくない」、「自分のプログラミングが一番正しい」という考えになりがちです。このようなプログラマの考え方を「他人にも読みやすいプログラムを書く」、「ルールに従ったコーディングをする」といった思考にシフトしてもらうには、あらかじめルール提示し、ルールを遵守する目的を説明し、ルールに対して合意し、そのルールに逸脱した場合に修正を求める、もしくは逸脱した理由を明確にするというアプローチを取る必要があります。

　現在、さまざまな静的解析ツールが各ツールベンダーから販売されています。一定の基準でコーディングルールを定め、そのルールに合致しているかどうかを精査するツールです。コンパイル時にプリプロセス（コンパイル前に行う処理）として実施し、コンパイラが出力するワーニングのようにルールの逸脱を教えるようなツールもあれば、ソースプログラム全体を読み込んでコーディングルールだけでなく、プログラムの複雑性を分析し、結果を修正して出力してくれるようなツールもあります[1]。

　このようなツールを購入すると「あらかじめルールに対して合意する」というステップを省略していきなりツールを通して、引っかかったソースに対してプログラマに修正を迫るというアプローチになりがちです。その場合、ルールに逸脱した箇所が「なぜ悪いのかわからない」、「どう直したらわからない」という場面が必ず現れます。ツールは定められた狭い範囲でルールを逸脱していないかどうかを機械的にチェックするため、プログラムの前後関係がどうなっているのか、ソフトウェアモジュールの設計コンセプトがどうなっているのかといったことは全く考慮せずに警告を出します。ツールが出した警告がどのような意図でチェックされたのかを理解していないと、山のように出力された警告を前にして、プログラマもマネージャもさじを投げてしまうということになりかねません。

　また、ツールがなければ客観的なチェックが不可能というわけではありません。ツールがなくても、次ページのリスト4.1のように関数ヘッダにチェックリストのコメントを付けておいて、プログラマがファイルを登録する前にチェックするという非常に単純な方法でも「プロジェクト内でルールを共有する」という目的は達成できます。チェックリストの結果は、スクリプト言語でキーワードを頼りに集計すれば未記入の関数をリストアップすることができるでしょう。

　さらに、コードレビューを実施することでソースコードを精査することもあります。しかし、明確なルールを決めずにコードレビューを行っていると、レビューワーの主観がその場限りのルールとなり、最悪の場合個人攻撃になってしまうこともあるでしょう。このような理由から、どんなルールであっても、あらかじめプロジェクトメンバー全員がルールの意味を理解し同意を得た上で、ルールを実施しチェックを行い、逸脱した場合は修正を依頼するか、逸脱した理由を明確にするというプロセスが必ず必要です。このマネージメントができているかどうかが、プロジェクトとしてプログラムの品質が管理されているかどうかの指標となります。

1　近年プログラムの分岐の流れを解析するパスシミュレーションができるツールも出てきました。

```
~
//******************************************************************
// 概　　要 : Ｃ Ｒ Ｃ１６を計算する
// 関　　数 : CalcCrc16()
// 引　　数 : unsigned short crc      ; [入 ] ＣＲＣ入力値
//            unsigned char *pBuff    ; [入出] ＣＲＣ計算用バッファ
//            unsigned short Lng      ; [入 ] 繰り返し数
// 戻 り 値 : unsigned short ret      ;        ＣＲＣ計算値
// 機　　能 : ＣＲＣ１６の計算を行う
// 備　　考 :
//
//－－メトリックスチェック－－－－－－－－－－－－－－－－－－－－
// 最大ネスティング数　　:５以下                        [  ] check □
// 実行コード行数　　　　:５０行以下                     [  ] check □
~
~
//－－ルールチェック－－－－－－－－－－－－－－－－－－－－－－－
// gotoを使ってはならない                                    check □
// switch文の最後にdefaultを設定すること                     check □
~
~
//
//－－－－－－－－－－－－－－－－－－－－－－－－－－－－－－－－
// 作成日付 : 2006.02.14
// 作成者  : 組田 鉄夫
//******************************************************************

unsigned short CalcCrc16( unsigned short crc, unsigned char *pBuff, unsigned short Lng )
{
    for( unsigned short  i = 0; i < Lng; ++i ) {
        crc = ( crc >> 8 ) ^ crcTable[ ( crc ^ pBuff[i] ) & 0x0ff ];
    }
    return crc;
}
```

関数ヘッダーにメトリクスやコーディングルールのチェックリストを記述しておき、登録前に必ずチェックするというルールを作ることも有効

スクリプト言語を使えば、チェック欄が□から■に変わっていない関数を見つけ出すことも可能

リスト4.1　ツールを使わずにコードチェックする方法

プログラムテストの基本

　プロジェクトメンバーに基本的なプログラミングのルールを徹底させた後に、考えなければいけないことはベーシックな関数単体でのテストアプローチです。ソフトウェア技術者が日々の作業で積み重ねる成果の最小単位はＣの関数やＣ++のクラスです。ソフトウェアシステムの品質を向上するためには、関数やクラスの完成度を高め、高い完成度の関数やクラスを積み重ねていく必要があります。

　テストにより関数やクラスの完成度を高める手法はたくさんあります。テスト技法やレビュー技術を追究したい方には巻末の文献、書籍を参照していただくとして、ここでは１つの非常に小さい関数を完全と言えるまで突き詰めるとどうなるかをシミュレーションし、シミュレーションを通してプログラムテストの基本とは何かについて考えてみたいと思います。

　ここに「よし、リコールを起こさないために完全なプログラムを作る！」と宣言したプログラマがいたとします。果たして本当に完全なプログラムはできるでしょうか。

　そもそも完全なプログラムの定義自体があいまいです。ここで完全なプログラムという言葉の意味を明確にするために、完全なプログラムとは何かを次のように定義したいと思います（図4.3参照）。

完全なプログラムの定義

　　要求仕様を漏れなく記述した仕様書に基づいて作成したすべての入力パターンに基づくテストケースを対象となるプログラムに通した際の予想結果とテスト結果がすべて一致したプログラム

　言葉の定義だけではわかりにくいので簡単な例で考えていきます。キーボード付きの汎用機器でログインするときのパスワード文字列をチェックするといった非常に単純なＣ言語の関数について「完全なプログラム」を目指すとどうなるのかをシミュレーションしてみます。

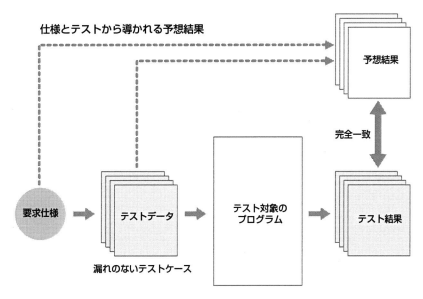

図4.3　テストの基本（松本正雄、小山田正史、松尾谷徹『ソフトウェア開発・検証技法』（電子情報通信学会、1997年、p.135）の図10を基に作成）

ASCII文字列チェック関数の仕様

　パスワードチェックの手順として、入力された文字列を ASCII 文字列のチェック関数に引き渡して仕様に適合しているかどうかをチェックすることを考えます。ASCII 文字列チェック関数の仕様は次のようになっています。

ASCII文字列チェック関数の仕様[1]

● 入力として許可するASCII文字列はアルファベット大文字、小文字と数字のみ
● 文字数の制限は規定数以下（最初の定義は70文字で変更可能）
● 関数の引数は入力文字列のポインタで、文字列の終端としてNULL文字が入っている
● 関数の戻り値は条件を満たせばOK = 0を、満たしていなければNG = −1を返す

　この仕様で作った C 言語の関数と関数を呼び出すサンプルのmain関数のソースリストが、次ページのリスト 4.2 になります。ASCII 文字列をチェックする関数はCheckStringsAlphabet()です。この関数の設計思想は、引き渡された文字列を NULL 文字が現れるまで1文字ずつチェックし、アルファベットか数字だけで構成され、規定の文字数に収まっていれば OK とするといった単純なものです。

1　ここでプラットフォームはWindows パソコンを想定し、Visual C++を使って、Windows のコマンドラインで動作するアプリケーションプログラムを作成します。

```
//***********************************************************************
//    システム   : Check Password Project
//    ファイル   : InputPassword.c
//    概    要   : パスワード入力文字列のチェックアプリケーション
//---------------------------------------------------------------------
//    使用言語   : C
//    O    S    : Windows
//---------------------------------------------------------------------
//    作成日付   : 2006.02.14
//    作成者    : 組田 鉄夫
//
//***********************************************************************
//    Ver.   | Date       | Name         | Note
//----------+------------+--------------+-------------------------------
//    v0.01  | 06.02.14   | 組田 鉄夫     | 新規作成
//           |            |              |
//***********************************************************************

//-------------------------------------
// インクルードファイル
//-------------------------------------
#include <stdio.h>
#include <conio.h>
#include "CheckStrings.h"

//***********************************************************************
//    概    要   : パスワード入力文字列のチェックアプリケーションメイン
//    関    数   : main()
//    引    数   : なし
//    戻 り 値   : なし
//    機    能   : パスワード入力文字列をチェックする
//    備    考   :
//---------------------------------------------------------------------
//    作成日付   : 2006.02.14
//    作成者    : 組田 鉄夫
//***********************************************************************

void main( void )
{
    int CheckCode;                      // チェックコード入力変数
    char InputBuffer[LETTERS_MAX];      // 入力文字列の格納バッファ

    //***********************************
    // パスワードの入力とチェック
    //***********************************

    // 文字列を標準入力から入力する
    printf( "数字、アルファベットだけでパスワード文字列を入力してください¥n:" );
    gets( InputBuffer );

    // 入力された文字列をチェックする
    CheckCode = CheckStringsAlphabet( InputBuffer );

    // チェックした結果を表示する
    if ( CheckCode == OK ) {
        printf( "入力チェックはOKでした ¥n" );
        }
    else {
        printf( "入力文字の中に、数字、アルファベット以外の文字が含まれています¥n" );
    }

    //***********************************
    // 終了処理
    //***********************************

    printf( "¥n" );
    printf( "DOS Windows を閉じるために何かキーを押してください¥n" );
    _getch();                           //入力待ち
};
```

リスト4.2　パスワード入力文字列のチェックアプリケーションメイン

ASCII文字列チェック関数の完全性を検証する

　それではわずか実行コード行数9行の関数が完全なプログラムであるかどうかを早速検証してみましょう。

　まず、ASCII 文字列チェック関数の仕様をよく読み、ASCII 文字チェック関数に入力される可能性のある文字列を分析します（図4.4 参照）。入力値の分析のポイントは、有効なデータだけでなく、無効なデータの可能性についてもしっかりと分析することです。なぜなら、想定していなかった無効データが、作成した関数で OK を出してしまう可能性を排除しなければ「完全なプログラム」とはいえないからです。

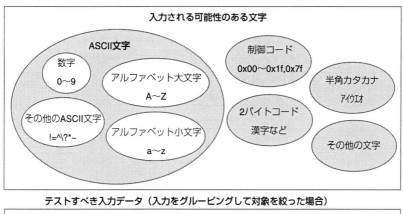

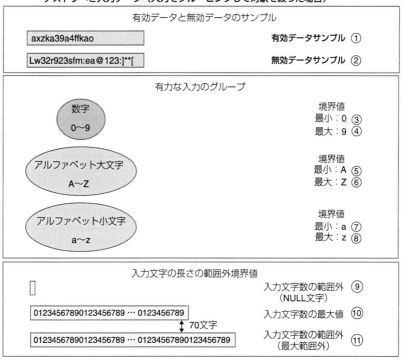

図4.4　入力される可能性のある文字とテストすべき入力データ

　ASCII 文字列チェック関数に入力される文字はパソコンのキーボードから入力されたものとは限りません。他の関数で処理された文字列が引き渡される場合もあります。ここで、入力文字列を格納する配列がchar型の配列だとすると、1 文字の組み合わせは 256 となります。文字数の上限は最初の定義では 70 文字ですから、70 文字までのすべての組み合わせを考えると 256 の 70 乗ということになります。しかし、これは入力を 70 文字で強制的に切ったときの総組み合わせ数であり、キーボードからの入力でリターンキーを押すまで入力を許していた場合は、入力も文字数は 70 文字を超えるので組み合わせはもっと増えます。結局、有効、無効を含めたすべての入力文字列を ASCII 文字列チェック関数に通してチェックしようとしたら、いつまでたっても終わりません。

　ただし、このように 256 の 70 乗を超える文字列入力を 1 つ 1 つテストケースとして試そうという人はいないでしょう。たいていは入力の文字列をグルーピングして、グループの境界値や代表値をテ

ストケースとして採用します。しかし、気をつけたいのはすべてグルーピングしたつもりでも、そこに漏れがあると、すべての入力に対してテストを行ったのと同等にはならないということです。有効入力、無効入力を合わせて漏れのない入力のグルーピングができるかどうかが「完全なプログラム」を作れるかどうかのポイントとなります。

入力文字のグルーピングとテストケースの抽出

　ASCII文字列チェック関数へ入力する文字のグループは以下のようなものが想定できます（図4.4参照）。

ASCII文字
- 数字0〜9
- アルファベット大文字A〜Z
- アルファベット小文字a〜z
- その他のASCII文字（!=^*+~など）

ASCII文字以外
- 制御コード0x00〜0x1f、0x7f
- 半角カタカナ
- 漢字など2バイトコード
- その他の文字

　これらの入力文字の中でパスワード入力の仕様として有効なのは数字0〜9と、アルファベット大文字A〜Z、アルファベットa〜zの3グループだけです。そこで、有効なグループに含まれる文字列を1文字ずつチェックするとしたら、数字の0と5と9に違いはあるでしょうか。数字の0（0x30）から9（0x39）のASCIIコードが順番に並んでいることを考慮すれば、数字グループの境界である0と9をチェックすれば、1〜8まではチェックしなくてもよさそうです[1]。

　入力データのグループについて分析した結果を踏まえて書いたプログラムが、154、155ページのリスト4.3とリスト4.4になります。

　同様にアルファベット大文字、アルファベットの小文字グループの境界文字であるA、Z、a、zをテストケースに加えます。また、入力文字数の長さの境界値として0文字（NULL文字）、70文字、71文字をテストケースに加えます。これらに有効な文字列のサンプルと無効な文字列のサンプルを1つずつ加えると、合計で11のテストケースができます。11のテストケースの内訳は、有効ケースが8で、無効ケースが3です（図4.4参照）。

　これらのテストケースに対して、返すべき戻り値（OKまたはNG）はわかっていますから、テストケースを作成した関数に入力し戻り値を確認しながらASCII文字列チェック関数を「完全なプログラム」に近づけていきます（156ページのリスト4.5参照）。

1　境界値チェックについて：これは、リスト4.4のソースコードにあるような形でグループの境界をif文でチェックしていることを知っているからこのままでよいのですが、万が一、0から9までの数字を1文字ずつif文で判定しており、例えば3だけをチェックし忘れていたなどという場合、各グループの境界値テストではこの不具合は見つけられません。すでにこの時点でテストがプログラムの中身を見ないブラックボックステストだった場合、完全なプログラムを証明するための完全なテストとは言えなくなっていることに注意して下さい。

コラム──xUnit

　有名なテストフレームワークにxUnitがあります。xの部分にはC++ならcppUnit、JavaならJUnitといった言語の頭文字が入るのですが、C言語が対象になったcUnitというのも最近ではあるようです。今回は設計したテストケースが（リスト4.4）の関数CheckStringsAlphabet()を通して合格するのかどうかを確認するのに、自作でxUnitライクな方法を使ってみました。考え方はxUnitと同じです。

　まず、CheckStringsAlphabet()をこの関数を使うアプリケーションと分離しておきます。リスト4.4ではmain関数が、CheckStringsAlphabet()を呼ぶようになっていますが、テストするときは、テスト専用のアプリケーション関数を作っておき、分析したテストケースを1つずつCheck-Strings-Alphabet()に渡し、返ってきた戻り値がテストケースに対して正しいかどうかをカウントします。そして、テストアプリケーションの最後で、テストケースの数に対して正解値がいくつあって、不正解がいくつあったのかを表示させるようにしておきます（コラム図4.1参照）。

コラム図4.1　テストの実行結果

　CheckStringsAlphabet()関数に対するテストアプリケーションを作っておくと、後でCheck-StringsAlphabet()に変更を加えたときに、簡単に回帰テストを行うことができるので便利です。Kent Beckらが提唱したXP（eXtreme Programming）におけるテストファーストとは、このCheck-Strings-Alphabet()関数を作る前に、CheckStringsAlphabet()関数に対応するテストケースを作ってしまい、汎用的なテストフレームワークで確認しながらソフトウェアを完成させるという考え方です。この考え方は、それまでのソフトウェア工学にはない、人間の心理をうまく利用した逆転の発想でした。今回のアプローチではテストファーストの考え方に加えて、テストケースに漏れがないかどうか分析するフェーズを追加しています。

　テストファーストの優れているところは、プログラムを書き出す前にテストケースを設計させることで、プログラムを検査するときのイメージをプログラマに持たせ、単に仕様を満たすようなプログラムをだらだらと書くのではなく、テストという視点を持たせて漏れのないプログラムを書かせるという点です。また、作ったテストケースがそのまま回帰テストに使えるので、対象となるプログラムを改変してもどこがまずくてテストが通らなかったのを発見しやすいというところがエンジニアの安心につながっています。

　ただ、XPにおけるテスト・ファ ーストにも欠点がないわけではありません。XPでは、テストケースの
抽出の責任はプログラマ自身に任されているので、今回のように完全なプログラムを目指そうとした
場合はテストケースに漏れが生じる場合があります。

　しかし、ビジネス系のソフトウェアでは、テストケースの漏れのデメリットよりも、テストファース
トによって慎重にプログラムを書く、また、回帰テストが簡単にできるといったメリットの方がソフト
ウェアの信頼性を高めるのに効果を上げており、xUnit は多くのエンジニアの支持を集めています。

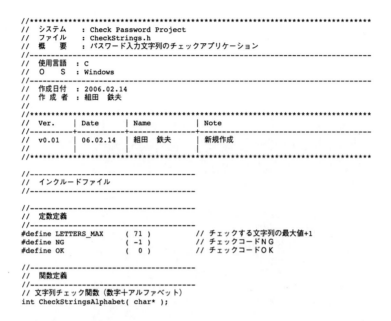

```
//**************************************************************************
// システム    : Check Password Project
// ファイル    : CheckStrings.h
// 概　　要    : パスワード入力文字列のチェックアプリケーション
//------------------------------------------------------------------------
// 使用言語  : C
// Ｏ　Ｓ    : Windows
//------------------------------------------------------------------------
// 作成日付  : 2006.02.14
// 作 成 者  : 組田　鉄夫
//
//**************************************************************************
// Ver.    | Date     | Name        | Note
//---------+----------+-------------+-----------------------------------
// v0.01   | 06.02.14 | 組田　鉄夫  | 新規作成
//         |          |             |
//**************************************************************************

//---------------------------------------
// インクルードファイル
//---------------------------------------


//---------------------------------------
// 定数定義
//---------------------------------------
#define LETTERS_MAX       ( 71 )        // チェックする文字列の最大値+1
#define NG                ( -1 )        // チェックコードＮＧ
#define OK                (  0 )        // チェックコードＯＫ


//---------------------------------------
// 関数定義
//---------------------------------------
// 文字列チェック関数（数字＋アルファベット）
int CheckStringsAlphabet( char* );
```

リスト4.3　ASCII文字列検査（ヘッダ）

```
//*****************************************************************************
// 　システム 　 : Check Strings Project
// 　ファイル 　 : CheckStrings.c
// 　概　　要 　 : ASCII文字列チェック
//-----------------------------------------------------------------------------
// 　使用言語 : C
// 　O　　S　 : Windows
//-----------------------------------------------------------------------------
// 　作成日付 　 : 2006.02.14
// 　作 成 者 　 : 組田　鉄夫
//
//*****************************************************************************
// 　Ver.　　 | Date　　　 | Name　　　　　| Note
//----------+----------+--------------+------------------------------------
// 　v0.01　 | 06.02.14 | 組田　鉄夫　 |
// 　　　　　 |　　　　　 |　　　　　　　|
//*****************************************************************************

//------------------------------------
// 　インクルードファイル
//------------------------------------
#include "CheckStrings.h"

//*****************************************************************************
// 　概　　要 　 : 文字列が数字とアルファベットで構成されているかどうかチェックする
// 　関　　数 　 : CheckStringsAlphabet( char *Strings )
// 　引　　数 　 : Strings :精査する文字列の先頭のポインタ
// 　戻 り 値 　 : CheckCode
//　　　　　　　　 OK　 : 　文字列が数字とアルファベットで構成されている
//　　　　　　　　 NG　 : 　文字列に数字とアルファベット以外の文字が含まれている
//　　　　　　　　　　　　 　文字列が NULL String である
//　　　　　　　　　　　　 　文字列の長さが最大値を超えている
// 　備　　考 　 :
//-----------------------------------------------------------------------------
// 　作成日付 　 : 2006.02.14
// 　作 成 者 　 : 組田　鉄夫
//*****************************************************************************

int CheckStringsAlphabet( char *Strings ) {

    int CheckCode = OK;            // チェックコードの初期化
    int i;

    // NULL文字がくるまでチェックを続ける（リミットあり）
    for( i = 0; i < LETTERS_MAX ; i++ ) {

        // もし、チェック対象が NULL 文字ならば抜ける
        if ( *Strings == '\0' ) break;
            // チェック対象の文字が 0～9, A～Z, a～z でなければチェックコードをNGにして抜ける
            if ( !( (( *Strings >= '0' ) && ( *Strings <= '9' )) ||
                    (( *Strings >= 'A' ) && ( *Strings <= 'Z' )) ||
                    (( *Strings >= 'a' ) && ( *Strings <= 'z' ))    )) {
                CheckCode = NG;
                break;
            }
            Strings++;
    }
    // チェック対処の文字数が 0 ならチェックコードをNGとする
    if ( i == 0 ) CheckCode = NG;
    // チェック対処の文字数が上限値ならチェックコードをNGとする
    if ( i >= LETTERS_MAX ) CheckCode = NG;

    return CheckCode;
}
```

リスト4.4　ASCII文字列検査（関数）

```
// ******************************************************************
// 概    要  ： 文字列が数字とアルファベットで構成されているかどうかチェックする
// 関    数  ： CheckIStringsAlphabet( char *Strings )
// 引    数  ： Strings :精査する文字列の先頭のポインタ
// 戻 り 値  ： CheckCode
//              OK  ：  文字列が数字とアルファベットで構成されている
//              NG  ：  文字列に数字とアルファベット以外の文字が含まれている
//                      文字列が NULL String である
//                      文字列の長さが最大値を超えている
// 備    考  ：
// ------------------------------------------------------------------
// 作成日付  ： 2006.02.14
// 作成者    ： 組田 鉄夫
// ******************************************************************

int CheckStringsAlphabet( char *Strings ) {

    int CheckCode = OK;              // チェックコードの初期化
    int i;

    // NULL文字がくるまでチェックを続ける（リミットあり）
    for( i = 0; i < LETTERS_MAX ; i++ ) {

        // もし、チェック対象が NULL 文字ならば抜ける
        if ( *Strings == '¥0' ) break;
        // チェック対象の文字が 0～9, A～Z, a～z でなければチェックコードをNGにして抜け
        if ( !( (( *Strings >= '0' ) && ( *Strings <= '9' )) ||
                (( *Strings >= 'A' ) && ( *Strings <= 'Z' )) ||
                (( *Strings >= 'a' ) && ( *Strings <= 'z' )) )) {
            CheckCode = NG;
            break;
        }
        Strings++;
    }
    // チェック対処の文字数が0ならチェックコードをNGとする
    if ( i == 0 ) CheckCode = NG;
    // チェック対処の文字数が上限値ならチェックコードをNGとする
    if ( i >= LETTERS_MAX ) CheckCode = NG;

    return CheckCode;                      総合チェックの上OKを返す
}
```

（② ⑨ ⑦ ⑤ ③ ⑧ ⑥ ④ ⑪ ① ⑩）

リスト4.5　テストケースとソースプログラムの関係

完全なプログラムへ

　仕様から対象となるプログラムへの入力を分析し、テストケースを設計するというアプローチをとらなかった場合の落とし穴は、例えば入力文字数の境界値チェックの漏れなどです。数字とアルファベット以外の文字が混入していた場合のチェックなどは、わざわざテストケースを分析しなくともたいていのエンジニアはプログラム作成時に自主的に実施しますが、NULL 文字単体の入力や最大文字数を超えたかどうかのチェックは忘れがちです。プログラムの完全性を追求するためには、入力パターンの網羅性を高めなければいけないのです。

　入力文字数の境界値テストも入った11のテストケースを全部パスするようにデバッグしながら完成させた ASCII 文字列チェック関数（リスト 4.5）をもう一度ご覧下さい。11のテストケースを全部通すとコード内のすべての条件を少なくとも1回は実行したことになります。ここまでやれば、この ASCII 文字列チェック関数はプログラマにとって十分に満足いく検証ができたと言えるでしょう。しかし、これで ASCII 文字列チェック関数は本当に「完全なプログラム」になったのでしょうか。

完全なプログラムへの道は遠い

　残念ながらここまでやっても、「完全なプログラム」の定義を満たしたとは言えません。ここで、「完全なプログラム」の言葉の定義をもう一度思い出してみましょう。

　　完全なプログラムとは「要求仕様を漏れなく記述した仕様書に基づいて作成したすべての入力パターンに基づくテストケースを対象となるプログラムに通した際の予想結果とテスト結果がすべて一致したプログラム」ということ。

　なぜ、11のテストケースですべての入力を網羅できていないかというと、それは入力文字数の制

限が可変だというところに原因があります。今回入力文字数の制限の初期値を 70 としてテストケースを作成しましたが、入力文字数の制限は将来変わることがあるため、将来に渡っても ASCII 文字チェック関数が「完全なプログラム」であり続けるためには、入力文字の制限を変えたときでも仕様通りに動くことを確認しなければなりません。

　また、入力文字の制限を 300 文字に拡大したらどうでしょうか。テストケースとして、70 文字と 71 文字の代わりに、300 文字と 301 文字でテストすればよいのでしょうか。この場合はテストケースとして、境界値の NULL 文字、300 文字、301 文字以外に 255 文字や 256 文字も追加しておきたいものです。これは、文字数を格納する変数が 1 バイトだったとき予期しない動作をしないかどうかのテストとなります。「完全なプログラム」を実現するためには、仕様として入力文字数の上限を定義し、その文字数を超えた場合は動作を保証しないという一文を追加しなければならないのです。

　非常にベーシックなプログラムテストとして関数テストを考えた場合、次のような手順が必要であることがわかりました。

関数の完成度を高める手順

1. 関数の要求仕様を明確しドキュメント化する。
2. 関数に対する入力と入力に対応した出力を分析する。
3. 入力がグルーピングできる場合はその境界値を摘出する。
4. 境界の内と外を含んだテストケースを作る。
5. 正常入力、異常入力のサンプルを作る。
6. 作成したテストケースを関数に通し、期待値と一致するかどうかを確認する。
7. 要求仕様を見直し、制限事項があれば追加する。

これは関数の完成度を高める単体テストレベルの手順ですが、よく考えると結合テストやシステム全体のテストでも同じようなアプローチが有効であることがわかります。テストの基本は、図 4.3「テストの基本」にあるように、漏れのない要求仕様を定義し、テストケースを作り、対象となるプログラムに通して、想定した結果とテストの結果が一致するかどうかを比較するという地道なアプローチの繰り返しです。組込みソフトウェアプロジェクトはこの地道なアプローチをベースにして完成度の高い関数やクラスを積み重ね、モジュールやサブシステムを構築していく必要があるのです。

コラム──テスト設計は要求仕様の完成度を高める効果がある

　自分たちで作ったソフトウェアモジュールやサブシステムを登録するとき、もしくはサプライヤ（ソフトウェア供給者）から納品を受けるときに、検収をあげるためにはテスト仕様を提示し、そのテスト仕様にしたがってテストを実施してもらい、テスト結果の提出を受けることが必要です。それが当然とわかっているのにテスト設計せずに「一通り動かして動作を確認しました」という報告だけで、ソフトウェアを登録したり、検収を完了してしまうことがあると思います。

　一方で、ソフトウェアモジュールの納品前のできるだけ早い時期にテスト設計を行うとさまざまな良い効果を得ることができます。

　例えば、テスト設計を行う際に「入力に対する境界値テストを含める」や「正常入力、異常入力のサンプルをテストケースに含める」といったチェック項目を設けておくと、要求仕様としてドキュメントに書いていなかった仕様の項目があることに気がつきます。テストケースを設計することで要求仕様の漏れを発見することができるということです。xUnitの解説でも紹介したように、対象物である

ソフトウェアモジュールをテスト・ケースの設計という視点で眺めると、設計仕様と考えたとさには思いつかなかった面が見えてくることがあります。

　要求仕様もテスト仕様もソフトウェアを設計する前に完全なものを作ることは難しいものです。実際に設計したテストケースにしたがってテストしてみるとテスト仕様が間違っていたり、そもそもプログラム作成者が要求仕様を勘違いしていたりして、テストが通らないということはよくあります。このようなときプログラムの発注者と供給者はともに試行錯誤しながら要求仕様とテスト仕様の完成度を高めていきます。テストを実施しているときに、要求仕様があいまいだったり、要求仕様について発注者と供給者の間で認識が違っていることに気がつきます。

　「一通り動かして動作を確認しました」という確認のしかたを許さず、面倒でもテスト仕様を設計しドキュメントとして残しておくと、次回プログラムを修正したときの回帰テストにも利用できます。最初は正常値だけのテスト仕様でも徐々に異常値入力などのテストケースを追加していくことでテスト仕様の完成度を高めることもできます。テスト仕様、テストケースは再利用可能な資産となるのです。また、テスト設計は要求仕様の漏れを発見できることから、ソフトウェア設計の一部であると考えることができます。

　ウォーターフォールプロセスでは、最初に要求仕様を定め、ソフトウェアを作り始め、テストを行うという流れを想定していますが、実際にはテスト仕様に基づいたテストを実施すると多くの場合要求仕様の見直しが入るため要求仕様とテスト仕様は何回か修正されます。このため、ソフトウェアが最終登録されるときに要求仕様、テスト仕様、テスト結果の流れが完成すると考えます。

コラム――ソースコードのヘッダーコメントを工夫する

　プログラムが初めて作られるときは何回もソースファイルが修正されます。ソフトウェア構成管理が重要だと言われている理由は、ソフトウェアが完成に至るまで何回も行われるプログラムの修正履歴がプロジェクトにとって重要な情報であり、場合によっては過去のある基準点（ベースライン）にソースファイルを戻さなければいけないこともあるからです。また、以前変更した部分に関連して不具合が発覚するというケースもあり、いつ誰がどんな変更をプログラムに加えたのかを後で知りたいときもあります。

　このようなことから、要求仕様とソフトウェア本体と変更履歴は相互に関連をトレースできるようになっている必要があります。例えば、要求仕様が変更されたときに、修正が必要なソースファイルがどれかをリストアップしたり、過去のソフトウェアの変更が原因で不具合が発生したときに、関連するソースファイルを絞り込みたいときなどです。

　要求仕様とソフトウェア本体と変更履歴のトレースは構成管理ツールや要求管理ツールを使うことで実現できますが、ツールを使わなくても、要求仕様とソフトウェア本体と変更履歴のトレーサビリティを確保することは可能です。

　コラム図4.2をご覧下さい。バッファに格納された数値列のCRC（巡回冗長検査[1]）を計算する共通関数群が格納されているソースファイルの例です。

　ソースファイルのヘッダーコメント部に、要求仕様の項目番号と、プログラムの変更履歴のサマリが書き込んであります。共通機能仕様定義書の中にある、「COMMON-SPEC-3」と「COMMON-SPEC-4」の項目番号がソースファイルのヘッダに記述されているため、CRC8やCRC16に関する要求仕様が変更になったときには「COMMON-SPEC-3」や「COMMON-SPEC-4」といった項目番号をキーワードにして、grep（グレップ）[2]すれば修正すべきソースファイルがどれであるか検索することができます。

1　CRC（Cyclic Redundancy Check：巡回冗長検査）：データを転送した際にデータが壊れていないかどうかを調べる仕組みの1つで、デバイス間通信や無線通信の分野で広く利用されています。
2　グレップ（grep）：正規表現を利用して、1つ以上のファイルからその文字列が存在する場所を特定するための機能。

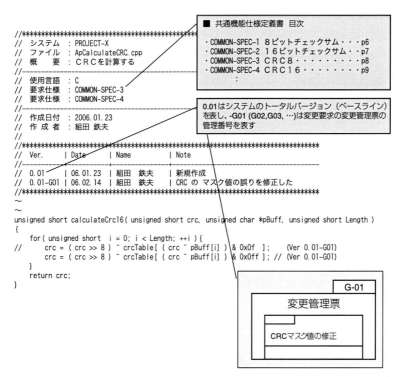

要求仕様の番号と変更履歴をソースファイルの先頭にコメントとして埋め込んだ例

コラム図4.2　要求仕様の明示化と変更履歴の記入例

　また、変更履歴のフィールドにはプログラムの変更のために起票した変更管理表の番号とシステムのトータルバージョンおよび変更内容のサマリーを記入しています。ソースプログラムの変更箇所には変更バージョンの識別コードが埋め込まれているため、ソースファイルのヘッダーコメントにある変更履歴の識別コードから変更箇所を簡単に検索することができます。このような変更履歴の記入はソフトウェアモジュールを完成度がある程度高まったときや製品をリリースした後から実施すれば、何か不具合が起こったときに素早く問題箇所をトレースすることができます。

　既存のソフトウェアのコード可読性が低い場合は実行コードには手を付けずに、ファイルヘッダや関数ヘッダのコメントだけを付け加えるというやり方も有効な手段です。

　コーディングルールや変数、関数のネーミングルール、ヘッダーコメントの記入ルール等をプロジェクト内で定めて遂行することはプログラムの信頼性を高めるはじめの一歩になります。

4-3 既存ソフトウェアの品質を高める

　第4章では、これまで、ソフトウェア信頼性向上のプロセスと組込み製品の関係の基本形（図4.2「信頼性向上のプロセスと各フェーズにおける具体的施策」参照）を示し、信頼性向上のプロセスやそれぞれのフェーズで実施する具体的なアクティビティ（活動）について解説し、ソフトウェアの信頼性を向上させるベーシックな取り組みとしてコーディングルールの遵守と関数の完全性を高めるテストについて紹介してきました。

　ここからは、より実際の組込みソフトウェアシステムに近いモデルで、ソフトウェアの品質向上について考えていきたいと思います。

　図4.2ではシステム全体がひとかたまりのソフトウェアであるような構造を示しましたが、実際のソフトウェアシステムは、図4.5のようにいくつかのサブシステムの集合体になっているのが一般的です。これらのサブシステム同士が協調しあうことで、システム全体が動作することになります。

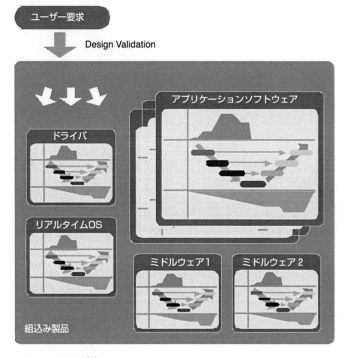

図4.5　Software Subsystemの結合

　しかし、現実には図4.5のようにきれいにサブシステムやモジュールに分割されていない組込みソフトウェアシステムもあります。

　図4.6をご覧下さい。バグが多く潜んでいる未熟な組込みソフトウェアシステムです。システムがモジュールやサブシステムに分割されておらず、ひとかたまりのソフトウェアのイメージです。残念ながらこのような既存ソフトウェアは実際にはいくつも存在し、この固まりの中から必要な機能を抜き出して、新しいシステムに使わなければならないというケースは少なからず発生します。ひとかたまりの未熟なソフトウェアには、軽微なバグや重大なバグがランダムに混入しており、テストで漏れたパスの中に重大なバグが残される確率が高くなります。

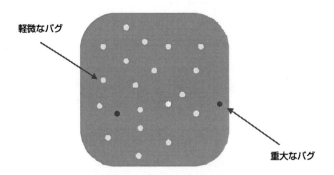

図4.6　分割されていない未熟なソフトウェアシステム

　きれいに分割されていないシステムを引き継いで新しい開発を任されるケースはあります。しかし、このような場合でも、何回かの開発を繰り返す中で少しずつ構造改革を進め、段階的にシステムの品質を向上させることは、難しい取り組みになりますが不可能ではありません[1]。

　1万行の分割されていないソフトウェアシステムと、千行のサブシステムが10個集まった、ソフトウェアシステムの違いは何でしょうか。1万行の分割されていないソフトウェアシステムが一関数あたり50行の関数200個の集まりだった場合、200個の関数に対して均等に呼び出される組み合わせ、順番等を考えなければなりません。しかし、ソフトウェアシステムが10個のサブシステムの集合体になっていれば、関数単体のテストと10個のサブシステム間のインターフェースの結合テストを切り離して考えることができます。これは、サブシステムを独立した部品と見立てて、システム全体から見た見かけ上のインターフェースの組み合わせを減らす考え方です。

　ひとかたまりの未熟なソフトウェアシステムを高品質なシステムに変えるには、そのソフトウェアシステムの機能、性能を分析し、モジュールに分割した上でモジュールの優先度を付けます。この際有効なのは第3章で解説したドメイン分析です。システムをドメインに分けて、ドメイン同士の結合を弱め独立性を高めることを目指します。モジュール分割が一度にできないときは、そのシステムの中で商品としての価値が凝縮されており再利用可能なコア資産になりうるモジュールを優先的に分離することを考えます。

　しかし、図4.7のようにコア資産を切り出しても、多くの場合残りのソフトウェアモジュールとの結合が強くきれいに切り離せない場合もあります。例えば、コア資産と残りのモジュールでグローバルな変数を共有しているような場合です。その変数は両方のモジュールからアクセスされているので、コア資産と残りのモジュールの結合が強く切り離すことができません。このような場合は、その変数がどちらに所属すべきものかをよく考え、コア資産側が持つべきものならコア資産のローカルな変数にして、その変数に対しては値をget/setする関数をコア資産側に用意します。コア資産の外側からは、get/setする関数を通して変数の値を参照したり、格納したりするようにします。

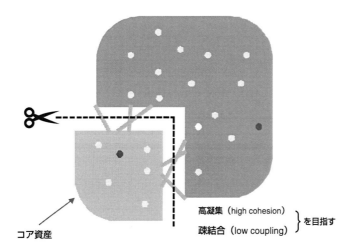

コア資産

高凝集（high cohesion）
疎結合（low coupling）　　}を目指す

図4.7　コア資産を切り出し結合度を弱める

1　段階的なシステムの構造改革を進めるには条件として第1章、第2章で解説したように組込みシステムの制約をクリアし性能を犠牲にすることなく機能的な分割ができる下地（アーキテクチャ）が必要になります。

　コア資産を分離し、高凝集、疎結合にすることができたら、次は残りのモジュールを分割していきます。既存の資産の一部をそのまま残し、他のモジュールとのインターフェース部だけを新規に作成する方法をラッピング（wrapping）と呼びます。

　ラッピングすると多くの場合は、モジュールアクセスに対してインターフェース部でワンクッション呼び出しが増えるため、従来のシステムよりはオーバーヘッドが大きくなります。しかし、限られた開発期間の中でレガシーシステム（既存システム）のソフトウェアを一部利用しながらモジュール間の依存関係を整理し、段階的にソフトウェアの品質を改善していくにはラッピングの技術が必要です。

　4.2 節で、漏れのない要求仕様を定義し、テストケースを作り、対象となるプログラムに通して、想定した結果とテストの結果が一致するかどうかを比較するというベーシックな活動がソフトウェアシステム全体の信頼性向上の基礎になっていることを解説しました。

　しかし、いざ開発の現場を振り返ってみると、組込みソフトエンジニアの前には、このような工程を経ずに作られたソフトウェアを利用しなければ、新製品の開発が間に合わないという現実が横たわっています。時間と工数さえあれば、漏れのない要求仕様を定義し、テストケースを作り、対象となるプログラムに通して、想定した結果とテストの結果が一致するかどうかを比較するというアプローチをすべてのソフトウェアに対して実施したいと考えるプロジェクトマネージャはいるはずです。しかし、現実には、過去に作られた由来のわからないソフトウェアも採用しながら、製品リリースの期限を守り、ユーザーへの安全性や信頼性も保証しなければなりません。

　組込みソフトエンジニアが過去のしがらみを全部捨ててゼロからスタートするような機会はまずないと言ってよいでしょう。その前提に立つと、組込みソフトエンジニアは過去のソフトウェア資産をよく分析し、独立性の高い機能モジュールに分割し、それらの機能モジュールに優先度を付け、優先度の高いモジュールから順に信頼性を高めていくというアプローチが必要になります。

　このようなソフトウェアシステムの段階的な品質改善を行っていくために第 1 章、第 2 章で解説したような時間的、機能的分割を実現しながら、第 3 章で解説した体系的な再利用戦略（プロダクトライン）を進めていきます。体系的な再利用戦略は組込みソフトウェアシステムにとって開発効率の向上をもたらすとともに、段階的な品質改善も有効に機能します。

　市場で長く使われ不具合を起こしていないという実績を持つサブシステム、俗に言う「枯れたソフトウェア」は、さまざまなユーザーが長い間をかけてランダムテストし、不具合を起こしていないので致命的なバグは抱えていないという判断をすることができます。明確に証明はできないけれども、市場で使い込まれたソフトウェアは安全性が高いことをソフトウェアエンジニアは経験的に知っています[1]。

　このような枯れたサブシステムをラッピングして再利用資産として利用することは、ソフトウェアシステムの品質を段階的に向上させるプロジェクトにとって有効なアプローチです。

　長期的な視点では第 3 章で解説したように、コア資産はシミュレーション環境を使って信頼性を高め、その他の既存資産はまずはラッピングし、徐々に中身を整理しながらシステム全体の信頼性を高めていきます。新しいサブシステムを作成したり、旧モジュールを完全に入れ替える際には、出来

---

[1]　「枯れたソフトウェア」を再利用する際には、そのモジュールをこれまでと同じような使い方をしないと「市場で長く使われ不具合を起こしていないサブシステムは安全である」という経験則は通じないことがあります。「枯れたソフトウェア」であっても、それまでそのサブシステムが使われてきた環境と異なる場所で使ったり、これまでとは違う分野で使ったりすると、それまでの環境下では通らなかったプログラムのパスを初めて通ることで、眠っていたバグが発現してしまう危険性があるからです。

上がったモジュールが完成度の高い関数の積み重ねになっていることが再利用資産の品質を高める
ポイントとなります。

　ひとかたまりの未熟なソフトウェアシステムの構造を段階的に改善し、システム全体の信頼性を
高めるにはかなりの時間がかかります。したがって、ドメイン分析を十分に実施しモジュールやサブ
システムの再利用性や重要度を見極め、どのモジュールから手を付けるかといった優先順位を付け
ることが大切です。

COTSに爆弾が含まれていたら

　再利用するソフトウェア資産の中には、COTS（Commercial Off-The-Shelf：商用で即利用可能な
ソフトウェア）あるいは SOUP（Software Of Unknown Provenance：起源・出所のわからないソフ
トウェア）と呼ばれるソフトウェアサブシステムがあります。例えば、汎用的に使われる市販の OS
やミドルウェアのことです。

　市販で売られている商用で即利用可能なソフトウェアは、COTS メーカーやベンダーがきちんと
検証済みのものを売っているので安心して使えると考えていると、思わぬ落とし穴が待ちかまえて
いることがあります。COTS も COTS を組み合わせて作ったソフトウェアシステムも、過ちを犯し
やすい人間がこつこつと積み上げた成果物であることに変わりはありません。市販で売られている
からそのソフトウェアに爆弾が入っていないという保証は何もないのです。特に COTS を作った
メーカーが想定していないような使い方を、COTS の利用者が行おうとしたときが危険です。COTS
がリリースする前に想定していた使用環境と異なる使い方を COTS の利用者がしたことで、それま
で通っていなかったパスを通り、そのパスにバグが潜んでいる可能性があるからです（図 4.8 参照）。

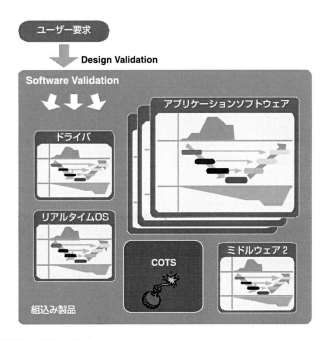

図4.8　COTSに爆弾が含まれていたら？

　また悪いことに、COTS はソースが公開されておらず、ブラックボックスになっていることが多い
ため、危険性の高いプログラミングがされているかどうかを予測することができない場合がありま

す。組織内で過去に作成された仕様書もないレガシーソフトウェアも状況はブラックボックスの
COTSと同じです。

　このようなソフトウェアモジュールが作られたプロセスが明確でない、テストの仕様や記録がな
いといったソフトウェアサブシステムは、中身を見ずにインターフェースの仕様を頼りにブラック
ボックステスト[1]するしかありません。作り手側のスキルレベルを信用してテストせずに使うのも1
つの方法ですが、このサブシステムが十分に検証さているという証拠は1つもないため、システム全
体の検証や妥当性確認のフェーズで不具合が見つからなければ、市場に出てから問題が発覚する危
険性があります。ここでの最大の問題は、COTSが爆弾を抱えていないという自信を裏付ける根拠が
なにもないという点です。COTSも枯れたソフトウェアと同様に、フィールドで長く使われたバー
ジョンは安全性が高いということをソフトウェアエンジニアは経験的に知っています。最新バー
ジョンに飛びつかないエンジニアは、信頼度成長曲線を頭の中に描いて「このバージョンはそろそろ
安定したころかな」と考えているのです。

　COTSや中身のよくわからないレガシーソフトウェアは、使用される環境を想定した機能仕様を
元に、網羅性の高いテストを実施し、テストの仕様とテスト結果を残しておきます。これらの検証記
録や、どのような使われ方をしてどれくらいの期間不具合が報告されていないかといった情報が、こ
のサブシステムの妥当性が確認されているという確信につながります。

4-4　Validation（妥当性確認）とVerification（検証）

　4.2節では「完全なプログラム」は作れるかという命題に対して非常に小さいプログラムの実例を
使いながら説明しました。4.3節では既存システムの一部を使いながら段階的に品質を向上していく
方法を解説しました。

　完全とは言えないソフトウェアモジュールをシステムに組込みながら、製品全体の信頼性を確保
し、ユーザーに多大な不利益をもたらす不具合をブロックすることを考えた場合、ソフトウェアシス
テム全体の信頼性を高めるには完成度の高いモジュールの積み上げという考え方とは違うアプロー
チが必要になります。

　組込みソフトウェア開発には予算、工数、日程にそれぞれ制限があります。限られた日程や工数で
完全なプログラムを作るという目標は、ソフトウェアの規模が小さければ達成できるかもしれませ
んが、規模が大きくなると不可能に近くなります。

　ソフトウェアのスケール、例えば実行コード行数とプログラムの複雑性は単純な比例関係にはな
りません。一説にはプログラムの複雑性は実行コード行数の3乗に比例すると言われています。実
際、1万行のソフトウェアを2人で1年かけて仕上げていた場合、10万行規模のソフトウェアを20
人で取り組んで1年で完成できるわけではありません。

　規模が拡大したことで増した複雑性と、人が増えたことによる技術者管理の問題がダブルパンチ
でプロジェクトにのし掛かってきます。

　そうなると、限られた時間と工数の中で最大の効果を得られるような方法が必要です。ここで言う
「最大の効果」とは、ユーザーに多大な迷惑がかからないようにする、すなわち、リコールに至るよ
うなソフトウェアの不具合が起きないようにするということです。リコールを起こすということは、

1　ブラックボックステスト：プログラムの内部構造を見ず、外部から見た機能やインターフェース仕様を頼りに対象となるプ
　　ログラムをテストする方法。

ユーザーにとって重大な不利益が発生したということですから、リコールが起こらないような組込み機器を作ることができれば、逆に商品の潜在的価値は高いということが言えます。

　「リコールに至るようなソフトウェアの不具合が起きないようにする」という言葉の裏には、「リコールに至らないような軽微な不具合があったとしても許容する」という意味が含まれています。もちろん、不具合はゼロに越したことはないのですが、現実には 10 万行を超えるような規模のソフトウェアでバグをゼロにすることは非常に難しいので、視点を変えて、まずはユーザーが大きな不利益を被らないようにし、信頼性の高いソフトウェア資産を再利用しながら製品をリリースするたびにソフトウェアの品質を向上するという考え方が必要なのです。

Validation

　ソフトウェアの品質保証の世界で Validation、Verification、TEST この 3 つ言葉がよく使われます。組み込みソフトウェアの品質を高め、ユーザーに大きな不利益をもたらさないソフトウェアを作るには、この 3 つの言葉を使い分けることができるかどうかがポイントになります。

　図 4.2「信頼性向上のプロセスと各フェーズにおける具体的施策」の Design Validation（設計の妥当性確認）のフェーズで実施するアクティビティである「ユーザー要求分析」、「品質機能展開」、「リスク分析」を見ればわかるように、Validation とは、開発した商品がユーザー要求に適合しているか、また、ユーザーに不利益を与えるような不具合を抱えていないかを確認する行為です。Validation の作業と、プロセスの入出力の整合性検証、コードインスペクション、静的解析、メトリクス分析、単体テスト、結合テスト、システムテストといった Verification の作業の違いは、Validation ではユーザーの利益を目的とした活動であり、Verification は策定した仕様に対してのアウトプットの整合性の検証であるという点です（コラム「Verification と Validation」参照）。

コラム——VerificationとValidation

　多くのソフトウェア系の技術誌やテキストではVerification（検証）とValida-tion（妥当性確認）を同じ意味で使っている場合があります。また、Verification、Validation、テスト（VV&T）の3つの用語を、全く差異のない1つの概念であるかのように言及している場合もあります。

　この3つの言葉を本書では以下のように定義します。

Verification：ソフトウェア開発のライフサイクルのある特定の段階で設計のアウトプットが、その段階における明確な要求事項のすべてに適合しているという客観的な証拠を提供すること。

Validation：ソフトウェアの仕様および成果物が、ユーザーニーズおよび意図された用途に適合していること、そしてソフトウェアの開発を通して実施される要求事項が一貫して満足されているという客観的な証拠を提供すること。

テスト：ソフトウェア開発のアウトプットが、そのインプット要求事項に適合していることを確実にする検証活動の1つ。

　この定義を読まれてもVerificationとValidationは何が違うのだろうと思われる方も多いと思いますので、VerificationとValidationを区別するための簡単な例を挙げたいと思います。

　ある日、あなたは家族と一緒に娘のピアノの発表会に出かけました。妻は娘がピアノを演奏している場面を撮影し、帰宅後映像をMedia Playerで再生できるフォーマットでCDに焼き込みました。あなたは、パソコンを覚え始めた田舎の父に発表会の映像を見せてあげようと思い、妻が作成した「発表会」とタイトルの書かれたCD-Rをパソコンで複製します。複製ソフトは元のCD-Rからデータが読み出し空のCD-Rにデータを書き込み、正しくデータが複製されたかどうかを「Verify」します。中身に何

が入っているかは別にして、コピー元とコピー先のCDが同一になったかどうかを確認すること、これがVerificationです。

　Verificationが完了したので、念のため、あなたは、複製されたCD-Rに格納された映像データを再生してみました。すると画面に現れたのは娘のピアノの発表会ではなく、妻がカラオケ教室の発表会で「世界に1つだけの花」を歌っている映像でした。

　ユーザーとなる田舎の父が再生することを想定してあなたが行った確認、それがValidationです。これは、ピアノ発表会の映像CDを作るという開発の工程で、CDを正しく複製するという行為に対するVerificationは実施されパスしたものの意図した使用目的に適合していなかったという事例となります。

　ソフトウェア開発の場合、仕様書の記述があいまいだったり、あるソフトウェアモジュールの仕様書の作成者が全体仕様を勘違いしていたようなケースではこのようなミスはよく発生します。

　今行っている確認作業がVerificationか、それともValidationなのかを見分けるには、その作業が「ユーザーを想定した確認作業であるかどうか」を考えてみるとわかりやすいと思います。

　では、よく「企業内の後工程の部門はお客様だと思え」などと言われるように、サプライヤ（ソフトウェア供給者）としてメーカーから組込み製品のソフトウェアの一部を受注した場合、製品開発工程の一部にでしかないサプライヤの確認作業はValidationにはなり得ないのでしょうか。製品開発工程の一部であっても、ソフトウェアのサプライヤにとって発注者を顧客と考え、エンドユーザーを考慮したチェックを行うなら、その確認作業はValidationであると言えるでしょう。ただし、サプライヤが「発注者が作った仕様どおりに作った」、「仕様に間違いがあったのなら責任は発注者にある」というスタンスを取るのなら、サプライヤの行う作業はValidationではなく、Verificationの域を超えていません。その違いは、ユーザーが使用する環境や用途を想定した確認を行っているかどうかです。長くつきあっている日本のソフトハウスは、いちいち説明しなくても「意図した使用目的」を読みとってValidationした上で成果物を納品してくれますが、オフショアで海外に製品のソフトウェアの一部を発注した場合、彼らは仕様通りに作り、仕様に書かれた要求事項に適合しているかどうかといったVerificationしかしないことがあります。このようなケースで、最終的に「意図した使用目的」と違った成果物が出てきてしまう危険性がある場合は、発注者は意識的にValidationのための検査仕様を作成し、サプライヤに提示する必要があります。

　一方、日本の多くの技術者は製品のコンセプトや使われる環境を説明することで、Validationとして何を行えばよいかを類推することが可能な場合が多いようです。このValidation能力の高さを考慮できないと、結果的にはオフショアで海外にソフトウェアを発注する方が高くつくことがあります。また、日本のクライアントはVerificationとValidationの違いを正しく認識して、海外にソフトウェアを発注する必要があります。場合によっては、日本と海外の技術者を橋渡しするブリッジエンジニアが必要になるでしょう。

　Verificationの積み重ねは、商品の妥当性が確認されていることを証明するための手段の1つです。しかし、Verificationの積み重ねだけでValidationが完了するわけではありません。図4.2「信頼性向上のプロセスと各フェーズにおける具体的施策」の不具合を摘出する努力にフェーズで実施する「レビュー・インスペクション」、「統計分析」、「不具合データベース」、「信頼度成長曲線」や、不具合を作り込まない努力のフェーズで実施する「要求分析」、「UML」、「構造化分析」といったアクティビティも商品の妥当性が確認されていることに寄与します。

　Validationにここまでやれば完全という終わりはありません。開発した商品がユーザー要求に適合しているかどうか、ユーザーに不利益を与えるような不具合が1つも内在していないかどうかを確認するには無限の時間と工数が必要です。「すべてのVerificationが完了している」＝「仕様に完全に適合したソフトウェアを作ったのでValidationも完了している」と判断しがちですが、

●完全な仕様を策定することが難しい。

●実行コード行数９行のソフトウェアモジュールでさえ完全に近い検証を行うのが難しい（4.2節参照）。

●システムの中でソフトウェアモジュールが複雑に関連しあっているため、すべての組み合わせをテストするのは難しい。

といった理由から、システムの完全なVerificationを実施するのは難しいと考えた方がよいでしょう。また、仮にVerificationが完全だったとしても、ユーザーが設計者の意図しないような使い方をする可能性もあります。人間の行動を完全に予測することは不可能ですが、普通の人が行わないような行動であっても、ユーザーが被った被害が大きければ社会問題となり、メーカーはそのめったに行われないようなオペレーションに対して対策を打っておく必要に迫られます。

　ゆで卵を作ろうとして電子レンジに卵を入れると卵が爆発することを知らないユーザーはいないだろうと思っても、初めて電子レンジを使う人が卵を爆発させてしまったという報告が何件も発生したら、「電子レンジには卵を入れないで下さい」という警告文を取扱説明書に書かなければなりませんし、万が一、濡れた飼い猫を電子レンジで乾かそうとするようなユーザーがいるようなら「電子レンジには食用以外の生物を入れないで下さい」といった警告文に書いておく必要があるのです。

　Validation はハードウェアやソフトウェアで実施する設計上の対策だけとは限りません。ハードウェアやソフトウェアでの対策が不可能な場合は、取扱説明書に記述したり、ラベルをはったりして対策することもあります。Validation は顧客に提供する商品が顧客のニーズに適合しているかどうか、顧客に不利益を与えないかどうかの確認作業なのです。

リスク分析の具体例

　Software Validation（ソフトウェアの妥当性確認）の活動の１つであるリスク分析を理解するために電子ポットの具体例を示します。電子ポットの仕様は、組込みソフトウェア管理者・技術者育成研究会（SESSAME）が公開しているもの[1]を使用しています。

　状況は電子ポットのソフトウェア開発チームのプロジェクトが、すでにリリースしている電子ポットについてソフトウェアの工夫で省電力を実現できるという研究結果を省電力研究グループから受けとったという想定です。省電力研究グループからのレポートを受けて、電子ポットソフトウェア開発チームではソフトウェアの設計変更を実施しました。

　電子ポットは、次ページの表4.2にあるようにE0：目標の水温－現在の水温とΔT0：前回の制御周期時の水温－今回の制御周期時の水温という、２つのパラメータからなる２次元のテーブルを参照することで電子ポットのヒーター制御量が決定されています。省電力研究グループの報告書はこの温度制御テーブルをヒーターや電子ポットの保温特性に合わせて最適化することでポットの消費電力を10%削減できるというものです。この研究結果を受けてポットの消費電力を削減すべく電子ポットのソフトウェア開発チームは温度制御テーブルの入れ替えを行い、ソフトウェアをリリースしました。

　ソフトウェアの変更を行って数ヶ月後、ユーザー先で使用中の電子ポットから煙が出たという報告がありました。ポットを分解したところヒーターの異常加熱により、ヒーターの周りの部品が焦げていました。

1　組込みソフトウェア管理者・技術者育成研究会（SESSAME）話題沸騰ポット GOMA-1015型　要求仕様書、http://www.sessame.jp/

表4.2　電子ポットの温度制御テーブル

省電力研究グループから、電子ポットの温度テーブルを最適化することで、ポットの消費電力を10%削減できるという調査報告が回ってきました
この調査報告を受けて、ポットの消費電力を削減すべく設計変更をしました

		E0（℃）				
		< –3	≥ –3	= 0	″3	> 3
ΔT0	< –3	0	100	100	100	100
（℃）	≥ –3	0	70	70	70	100
	= 0	0	30	30	50	100
	″3	0	0	0	30	100
	> 3	0	0	0	0	100

E0：目標の水温−現在の水温
ΔT0：前回の制御周期時の水温−今回の制御周期時の水温

　品質保証部門の解析チームが原因を分析したところ、省電力のために変更した温度テーブルの組み込みにミスがあり、テーブルのヒーター制御量の中に誤って負の値が定義された部分があることがわかりました。負の値がヒーター制御のソフトウェアモジュールに渡るとヒーターを最大出力で加熱してしまうプログラムになっていたことがわかりました（表4.3参照）。

表4.3　ポットから煙が出た！

ユーザー先で使用中の電子ポットで煙がでたという報告がありました
ポットを分解したところヒータの異常加熱により、周りの部品が焼けこげていました
品質保証部門の解析チームがプログラムを解析したところ、省電力のために変更した温度テーブルの組込みでミスがあり、テーブルのヒータ制御量の中に誤って負の値が定義された部分がありました
負の値がヒータ制御のソフトウェアに渡るとヒータを最大出力で熱してしまうプログラムになっていたことが判明しました
エラー監視のプログラムでヒータ連続オンの時間の上限を監視していませんでした

		E0（℃）				
		< –3	≥ –3	= 0	″3	> 3
ΔT0	< –3	–1	93	95	98	100
（℃）	≥ –3	0	58	65	74	100

　直接的な原因は、プログラムで「0」と定義すべき場所で誤って「−1」を書くという非常に単純なコーディングミスでした。単純なミスでしたが、危うく火事になるようなリスクにつながってしまったケースです。このような不具合は Verification では以外と見つからないものです。なぜなら、温度テーブルのヒーター制御量には正の値しか定義してはならないといったルールは仕様作成者にとっては当たり前のことであり、わざわざ仕様書に制限事項として書くほどのことではないと考えるからです。仕様書に書かれていないようなプログラマのケアレスミスを防ぐための仕様を盛り込んでいたら仕様書が何千ページあってもたらないでしょう。Verification はあらかじめ定められた仕様に対して実施されるため、仕様書に書かれていない場合 Verification（検証）の対象からは外れてしまいます。

　ただし、ヒーター制御量のテーブルがunsigned shortの配列で定義されていれば、−1を定義しようとした時点でコンパイラが仕様と異なるという Verification の結果を示してくれるはずです。このケースではヒーター制御量テーブルは(signed) shortで定義され、ヒーター制御のドラ

イバ関数の引数がunsigned shortになっていたため−1 を 65535 と解釈してしまったという想定です。

　さて、この電子ポットの例ではあらかじめ予測した障害に対して原因や重要度、発生頻度、対策、対策の実施確認などをまとめたリスク分析表は作られていました（表 4.4 参照）。

表4.4　リスク分析を使った例

番号	障害	原因	重要度／故障率	発生の可能性	対策の方法	実施確認	チェック
フィールドで起こった不具合の対策を蓄積し、製品の潜在的価値を高めるための資産とする							
A-1	ヒータの異常加熱により火災が起こる	サーミスタの故障 ヒータの故障	大きい	1/10000（故障率）	ハードウェアによる対策： 温度ヒューズによるヒータへの回路切断 ソフトウェアによる対策： ブザーによる注意喚起とエラー表示（30秒）を行う	設計書番号#001 テスト計画#001	☐ ☐
		水の量が少ないのに加熱した	大きい	たまにあり	ソフトウェアによる対策： 第1水位センサがオフ状態ならば、ヒータや沸騰ボタンは動作しない	設計書番号#002 テスト計画#002	☐ ☐
		ヒータ制御ソフトウェアの安全対策不備	大きい	まれ	ソフトウェアによる対策： ヒーター制御値のマイナス値は受け付けない 連続ヒーターONの時間に上限を設ける	設計書番号#003 テスト計画#003	☐ ☐

参考：Guidance for FDA Reviewers - Premarkrt Notification Submissions for Automated Testing Instruments Used in Blood Establishments

　「ヒーターの異常加熱により火災が起こる」という障害に対するリスク分析も行われており、「サーミスタの故障」、「ヒーターの故障」、「水が少ないのに加熱した」などの原因も分析され、その対策についても実施および実施の確認が行われていました。しかしながら、ソフトウェアの不具合が原因での異常加熱については分析されていなかったのです。ソフトウェアはハードウェアのように劣化しないため、ハードウェア部品の故障率に相当するものはありません。組込みソフトウェアではアナログ信号を扱っている場合などで異常入力の発生に確率論が有効になることはあるものの、多くの場合ソフトウェアのバグが存在するパスを通ると必ずその不具合は発生します。ソフトウェアの不具合発生に確率があるとすれば、Verification や Validation からすり抜けたバグのパスを通るような装置の使い方をユーザーが行う確率が不具合の発生確率となります。ただし、ユーザーがその使い方をすると 100%不具合が発現するところが、ソフトウェアのバグの特徴です。

　ユーザーがめったに行わない行為は非常に確率が低いので多くのユーザーには関係のないので対応しなくてもよいと考える場合もあるかもしれませんが、その考え方は危険です。メーカーが考える常識とユーザーが考える常識は必ずしも同じではなく、また、ユーザーも地域によって異なる常識を持っている場合があるからです。

　例えば、ほとんどの日本人は 123.45 というピリオドによる小数点表記は世界共通であると考えて

いると思いますが、ドイツやスペインでは 123.45 のことを 123,45 とカンマを使って表現する方がポピュラーだということをご存じだったでしょうか。このように、自分たちにとって常識であると考える仕様が、ある特定の地域のユーザーには常識ではないというケースは存在するのです。企業のグローバル化が進み商品を世界に向けてリリースするようになった今、Validation の重要性はより高まりつつあります。開発した商品は、実際に使われる地域のユーザーに Validate してもらうということも必要になります。

　電子ポットの例に戻ると、ヒーターの異常加熱により火災が起こるという障害に対する今回の不具合の原因は「ヒーター制御ソフトの安全対策不備」ということになります。ここで、不具合の原因を「ソフトウェアのバグ」としてしまうと、原因が発散してしまうため、不具合の再発防止を考える際のヒントになりません。プログラマのケアレスミスといった原因も同様に対策が絞り込みにくくなります。

　万が一、プログラマのケアレスミスがテストで見つからないまま商品がリリースされてしまっても、障害が起こらないようにするために、安全装置としてのソフトウェアを仕込んでおくことは再発防止に有効に働きます。今回の「ヒーター制御ソフトの安全対策不備」という原因に対しては、ソフトウェアの対策として新たに「ヒーターの制御値に有効範囲を設ける」と「連続ヒーター ON の時間に上限を設ける」を追加しました。どちらも、今回のような「定数の入力ミスといった行為」の再発を防止するのではなく、「ユーザーが被る被害」の再発を防止することを目的に考えた対策です。言い換えれば不具合の原因を作り込まない対策というよりは、万が一、不具合の原因が作り込まれてしまったとしても、ユーザーが被害を受けないような安全装置としてのソフトウェアを仕込んでおくといった対策です。

　実際に「ヒーターの制御値に有効範囲を設ける」と「連続ヒーター ON の時間に上限を設ける」の対策を講じることで、プログラマがヒーター制御テーブルに「－1」を定義するという過ちを再度犯しても、ヒーターが異常加熱することはなくなり、火災が起こる可能性を引き下げることができます。この対策では、根本的なヒーター制御テーブルの定義ミスを解消することはできませんが、ユーザーの不利益を防ぐことができるため商品の潜在的価値を高める効果は高いと言えるでしょう。

　このように、ユーザーリスクに対する分析とその対策を蓄積していくと、長く市場に商品を投入する企業にとってそのデータベース自体が非常に重要な資産となります。リスク分析の結果とその対策の多くは、市場で発生した不具合に対する対策と再発防止策であるため、その市場に新規参入する企業にはなかなか予測し得ない資産です。このような資産も商品群にとって再利用可能なコア資産となります。組み込み商品群の再利用可能なコア資産には、顕在的な商品価値が凝縮されたコア資産と、リスク分析の結果と対策のように潜在的な価値が凝縮されたコア資産の2種類があります。前者は第3章で解説しました。後者の潜在的な価値が凝縮された資産はという視点は特に組み込みソフトウェアでは顧客満足につながるとても大事な考え方となります。

4-5　組織成熟度に応じた品質向上の取り組み

　これまで説明してきたような、組込みソフトウェアの品質向上の取り組みは組織や作業者の技術レベルに関係なく実施していくことができるのでしょうか。その答えはもちろん No です。成熟していない組織にいきなりたくさんの品質向上施策の実践を要求してもこなしきれません。高いツールを買って実際には使えなかったといった事態ならお金が無駄になるだけですが、「これから新しいプ

ロセスを導入する」、「次の開発ではオブジェクト指向を使う」などと宣言して始めたものの途中で前にも進めない、後戻りもできないといった状態に陥ったりしたら最悪です。

　品質向上技術について最大の効果を期待するのなら組織の成熟度に合わせてどんな取り組みを行えばよいか取捨選択する必要があります。

　表4.5をご覧下さい。横軸に品質向上のために必要なアクティビティ（活動）、縦軸にさまざまな視点を並べたマトリックスになっています。

表4.5　組織成熟度・視点別品質向上のためのアクティビティマップ

品質向上に必要な施策／さまざまな視点	開発プロセスの定義	Validationの実施	エンジニアの教育	不具合を作り込まないためのアクティビティ	不具合を摘出するアクティビティ	支援プロセスの整備	アーキテクチャの適用	再利用の推進
組織成熟度レベル1	要	要	要	C	B	C	C	C
組織成熟度レベル2	要	要	要	B	B	B	B	B
組織成熟度レベル3	要	要	要	A	A	A	A	A
組織から見た重要度	◎	◎	◎	○	○	○	○	◎
プロジェクトから見た重要度	○	◎	◎	◎	○	○	○	○
エンジニア個人から見た重要度	○	○	◎	◎	◎	△	○	○

　　※「要」は必要性を表す
　　※A、B、Cは要求レベルを表す
　　※◎、○、△は優先度を表す

　組織成熟度はレベルが1から3までありますが、どのような成熟度の組織、プロジェクトでも「開発プロセスの定義」、「Validationの実施」、「エンジニアの教育」の3つは必要です。組織として開発計画、設計、試作、検証といった開発プロセスが全く定義されていないと作成した中間成果物をチェックするフェーズがなくなってしまいます。組織としてプロセスを定義し、定義したプロセスにしたがってプロジェクトが運営されていることをチェックすることが必要です。また、ユーザーが不利益を被るような不具合を起こさない組込みソフトウェアを作るにはValidationを実施し、ユーザーニーズに適合しているかどうか、フィールドで重大な障害を起こすようなリスクを排除しているかを確認します。さらに、ソフトウェアは技術者の日々の活動の積み重ねで作られるため、エンジニアの教育は必須です。「開発プロセスの定義」、「Validationの実施」、「エンジニアの教育」のどれが欠けても、その組織が回収を伴うような不具合を発生させにくい組織であるとは言えません。

　また、「開発プロセスの定義」、「Validationの実施」、「エンジニアの教育」は組織にとってはどれも同じ重要度を持っていますが、プロジェクトから見れば「Validationの実施」、「エンジニアの教育」の重要度が高く、エンジニア個人から見れば「教育」の重要度が最も高くなります。

　組織成熟度と注力すべきアクティビティの関係についての別の視点から見た図4.9をご覧下さい。成熟度の低い組織では「不具合を摘出するアクティビティ」すなわちコードインスペクション[1]、静的コード解析、メトリクス分析、各種テストといったアクティビティに注力を注ぎます。障害処理

1　インスペクション：誤りや違反、問題を検出するためのルールに基づく評価技法。

票データベースの整備や構成管理ツールの導入などの支援プロセスの整備や、要求分析、UML、構造化分析、レビュー、インスペクションは組織の成熟度が上がってから取り組んだ方が効果的です。体系的な再利用戦略（プロダクトライン）の推進や、優れたアーキテクチャフレームワークの採用は十分に成熟度が上がってから取り組むか、パイロットプロジェクトを組織して成果を全体にフィードバックするか、信頼のおけるコンサルタントに指導してもらった方がよいでしょう。

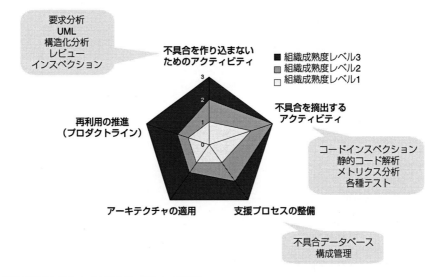

図4.9　組織成熟度と注力すべきアクティビティの関係

　組織成熟度が全く不明という場合は、組込みソフトウェアプロジェクト簡易評価指標（表4.6）を使います。

表4.6　組込みソフトウェアプロジェクト簡易評価指標

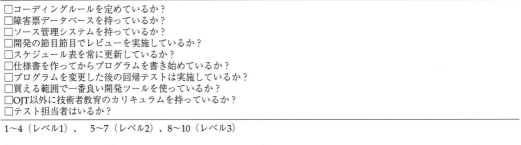

□コーディングルールを定めているか？
□障害票データベースを持っているか？
□ソース管理システムを持っているか？
□開発の節目節目でレビューを実施しているか？
□スケジュール表を常に更新しているか？
□仕様書を作ってからプログラムを書き始めているか？
□プログラムを変更した後の回帰テストは実施しているか？
□買える範囲で一番良い開発ツールを使っているか？
□OJT以外に技術者教育のカリキュラムを持っているか？
□テスト担当者はいるか？

1〜4（レベル1）、　5〜7（レベル2）、8〜10（レベル3）

参考：ジョエル・テスト（The Joel Test: 12 Steps to Better Code）
　　　http://japanese.joelonsoftware.com/Articles/TheJoelTest.html
The Joel Testとはソフトウェア開発チームを評価する簡単なYes・No形式のテスト

　10個の評価指標のうち、該当が4つまではレベル1、5から7まではレベル2、8から10までがレベル3です。評価指標の順番は重要度が高いと判断されるものから縦に並んでいます。まずはプロジェクトの成熟度を評価し、その結果によって実施すべき施策を選択して、組織の成熟度を確かめながら前進することが最も重要です。

Validation実施グループ

　できあがった製品が設計の意図通りにできているか、また、ユーザーの使用環境が十分に考慮されているか、ユーザーが不利益を被るような問題が残っていないかを確認することが重要であることを説明しました。

　製品がユーザーニーズに適合しているかどうかを確認するにはValidation実施グループを組織することが有効です。

　組込み製品をリリースする前には、ユーザーが使用する環境を想定した機能テストやシステムテスト、ランダムテストなどを実施するのが通例です。途中の検証活動を一切行わずに最後にランダムテストだけを実施する組織もあるでしょう。確かにソフトウェアの規模が小さいときには、Verificationを行わなくても、Validationのためのシステムテスト、ランダムテストだけでテストの網羅性が100%に近くなることもあります。しかし、ソフトウェアの規模が大きくなってきた現在ではVerificationとValidationの役割の違いを認識しながらどちらの活動もともに実行していかなければなりません。

　特に、ユーザーが不利益を被るような不具合を防ぐためにはValidationを慎重に時間をかけて実施しなければなりません。

　表4.7にValidation実施グループの簡易評価指標を挙げました。この指標でValidationグループをチェックし、評価点が4以下の場合はValidation実施グループを再編成する必要があります。

表4.7　Validation実施グループ評価指標

□Validationメンバーにユーザーが含まれているか？
□Validationメンバーに複数人のユーザーが含まれているか？
□Validationメンバーに製品が使われる場面をよく知っている開発メンバーが含まれているか？
□テスターがソフトウェア技術者であるか？
□テスター経験5年以上のソフトウェア技術者であるか？
□テスター経験10年以上のソフトウェア技術者であるか？
□製品のすべての機能を網羅した取り扱い説明書や機能仕様書があるか？
□テスターが製品を使ったランダムテストを実施した経験が3回以上あるか？
□製品の入力に対して境界値を発生させる手段があるか？
□Software Validationを実施する期間が5日以上あるか？

評価点が4以下の場合は、Validation実施グループを再編成する必要があります

　詳しく評価指標の内容を見ていきます。まず、ユーザーの要求を満たしているかどうかを確認するのにはValidationメンバーにユーザーを含めることが効果的です。携帯電話の新機種をリリースする前に大勢の高校生に使ってみてもらうという話を聞いたことがありますが、Validationグループに参加するユーザーは商品の使用頻度が高い、あるいは使い方が荒っぽい方が負荷の高いテストになります。

　一方でユーザーはソフトウェアの中身を知らないので、用意された仕様のすべてを実施しないもしくは不具合が発生しても、正しい動作なのか不具合なのかを判断できないという場合があります。このような問題を対処するためには、製品のすべての機能を網羅した取扱説明書や機能仕様をもとに機能テストを行うテスターをValidationグループに含めます。また、製品のソフトウェアの中身をよく知っている技術者、テスター経験が長くどのようなところに落とし穴があるのかを経験的に知っているテスト技術者、既存製品の保守担当者等をValidationグループに含めておくと、Verificationフェーズで漏れた不具合を発見できる可能性が高まるでしょう。

　Validation のフェーズでは、「使い勝手に違和感を覚える－不具合ではなく仕様変更を要求される」といった場合があります。リリース前の最終段階で、仕様の変更を要求されるのはソフトウェア担当としてはいやなものです。しかし、その要求がユーザーニーズの適合という観点から考えて重要性が高いのであれば、変更を実施しなければなりません。リリースした後でユーザーから商品に「NO」を突き付けられるよりは商品をリリースする前に修正を行った方がよいという判断です。ただし、Validation のフェーズでは商品の基本要件に関わらないような詳細仕様の変更を要求されることも多々あります。このようなときには商品の要求品質の分析結果を示し、ユーザーに対する重要度といった視点でなぜそのような仕様になっているのかを説明し納得してもらう必要があります。

　第 3 章で示した 1ch 簡易オシロスコープの例のようにシステムへの入力の境界値を発生することが難しい場合は入力の境界値を発生させるような装置を用意するか、シミュレーションで確認するような環境を用意します。入力の組み合わせが非常に多いようなシステムの場合は、入力値のパターンを状態遷移表や状態遷移図などを使って分析し、テストケースに漏れがないようにします。

　次に、Validation と Verification 計画の簡易評価指標を、表 4.8 に示します。注意すべき点は、過去から引き継いでいる組織内で作成したレガシーサブシステムもしくは COTS などに対して Verification を実施しないという選択肢を取るのか取らないのかという点です。このようなブラックボックスのサブシステムをブラックボックスのまま使うのは危険であることを説明しましたが、現実にはこのような長い間フィールドで使って不具合を起こしていないレガシーサブシステムを Verification している時間がない、もしくは経験的に Verification しなくても安全性が高いと判断し、そのまま採用する場合があります。経験的に Verification しなくても安全性が高いという判断は、同系列の商品群の開発に長く携わっている組込みソフトエンジニアの勘ですが、そのソフトウェアサブシステムが提供する機能において、長い期間フィールドで不具合が発生していないといった裏付けがあってそのような判断をしているはずです。このような場合は、その理由を明記したドキュメントを残した上でレガシーサブシステムの Verification を除外するようにします。

表4.8　Validation & Verification計画簡易評価指標

□すべてのソースコードを一定の基準でスクリーニングするようになっているか？（レガシーコードを除外する場合はその理由が明確であるか？）
□正常使用における機能テスト計画はあるか？
□Validation実施グループに製品が使われる場面をよく知っている開発メンバーが含まれているか？
□リスク対策の実施を確認する計画になっているか？
□システムの入力に対する網羅性は分析されているか？
□システムの入力に対する境界値テスト計画はあるか？
□Validation実施グループ、テスターの要件は満たされているか？

　また、リスク分析を実施してもその対策がうっかり漏れていたりしては何の意味もありませんから、表 4.4「リスク分析表の例」のようなリスク分析表のチェックリストを使って対策が確実に行われているかどうかを確認するような計画にすることが重要です。

4-6　組込み製品の潜在的価値向上

　図 4.2「信頼性向上のプロセスと各フェーズにおける具体的施策」、図 4.5「Software Subsystem の結合」に続く、商品群全体の構造図が、図 4.10 になります。

　図 4.10 では、Product A、Product B、Product C が共通のコア資産を使っています。図 4.10 の下部にある、ソフトウェアエンジニアへの向かっているサポートプロセスと教育のブロックは、ソフト

図4.10　商品群とソフトウェア品質向上施策

ウェアは日々のソフトウェア技術者の作業の積み重ねであるため、エンジニアの教育とサポートがシステムの不具合の元を断つことに直結していることを表しています。図4.2「信頼性向上のプロセスと各フェーズにおける具体的施策」（単体）→図4.5「Software Subsystem の結合」（複合）→図4.10「商品群とソフトウェア品質向上施策」（プロダクトライン）の流れが、組込み商品群の競争力をアップし、ソフトウェアの信頼性を向上させ、商品や商品群の潜在的価値を高めるための基本的なステップとなります。

商品の潜在的な価値としてのソフトウェア品質

　組み込みソフトウェアが原因でリコールを起こす商品が近年増加しています。実際にソフトウェアの規模が増大していることもその原因の1つです。商品の不具合情報をメーカーがホームページを通じてユーザーに公開するようになったことでこれまで表に現れなかった不具合情報を誰でも閲覧できるようになったということもリコール数を押し上げている要因の1つです。メーカーは不具合情報をホームページに公開し、ユーザーへの告知責任を一部果たすことができる一方で、不特定多数のウォッチャーに不具合情報をさらけ出すリスクを負うことになります。

　次ページの表4.9は組み込みソフトが原因になった不具合の例の一部です。携帯電話の例で「電話を発信するとほぼ同時に着信があった場合、電話帳の内容を消失する」という不具合は、携帯電話の膨大な機能仕様のほとんど無限に存在する組み合わせの中の1つにバグが潜んでおり、そのバグを通るようなパスを通るテストを想定できなかったために起こった不具合と考えることができます。過去にそのような事故を経験したことのない技術者が、電話を発信するとほぼ同時に着信するというタイミングの境界値テストを設計することはなかなかできません。

表4.9　組込みソフトが原因になった不具合の例

公表日	製品種別	不具合の内容
2004.08.16	DVDレコーダ	DVDレコーダで電源がオン状態の時に録画予約メールを受信できない。
2004.10.04	デジタルカメラ	連続撮影中や、オートパワーオフ状態でレンズを着脱後、デジタルカメラが操作不能になる。
2004.10.21	携帯電話	電話を発信するとほぼ同時に着信があった場合、電話帳の内容が消失する。

『日経コンピュータ』2004.12.27号「組み込みソフトの巨大化に立ち向かう」p119より

　この不具合の根本的な原因がどこにあったのかはわかりませんが、いずれにせよ「電話帳の内容が消失する」という障害は携帯電話のユーザーにとっては電話帳の内容を入れ直すことが大変な作業であるため重大な問題です（パソコンにバックアップを取るようなユーザーは全体から見れば少数派でしょう）。

　このような体験をしたユーザーの多くは怒り心頭し、携帯電話メーカーへの信用を著しく低下させるでしょう。

　図4.11の左のレーダーチャートをご覧下さい。このレーダーチャートは有名な家電商品の評価サイトである「価格.com」の、ある日のビデオカメラ人気アイテムランキング1位の商品の評価バランスのレーダーチャートです。このレーダーチャートは商品を購入したユーザーが自分の使用感でつけた点数を集計したものです。

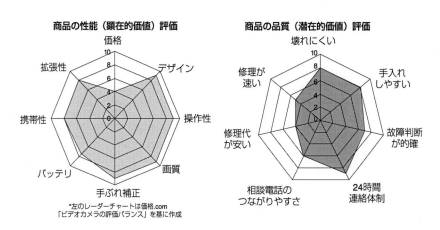

図4.11　組込み製品の品質がユーザーに評価される日は近い

　ところで、この商品の性能評価のレーダーチャートに、図4.11の右のような商品の品質を評価するようなレーダーチャートが隣にあったら消費者はどう思うでしょうか。どんなに性能が高くても、機器が壊れやすい、壊れたときのメーカーの対応が悪いという商品は誰しも買いたくないものです。また、同じくらいの性能を持った商品なら、多少価格が高くても品質が高い商品を買おうと考えるユーザーは確実にいます。

　かつて、日本の組み込みメーカーは品質が高いというブランドイメージを誇りにしていました。最近ではネットワークや無線通信を使ってファームウェアをアップロードする仕組みが次々と構築されているようですが、すべてのユーザーがファームウェア・アップロードの煩わしい作業を行うわけではないし、「アップデート中に電源を切るなどの行為をしたときの責任」などの本来ならメーカーが追うべき責任がユーザーに転嫁されることを好ましく思わない人もいるでしょう。

　現在、インターネット店舗で商品の品質を評価するレーダーチャートなどは見掛けることはあり

ません。しかし、商品の不具合情報をメーカーがホームページで公開するようになった現在では商品購入者の主観ではなく、メーカーが発表したリコールの数といった客観的なデータで商品やメーカーの信頼度をチャートにすることもできるようになる日もくるかもしれません。

　私たち消費者、特に世界一厳しい目を持つ日本の消費者にとって商品の品質はとても重要なファクターです。図 4.12 にあるように、顕在的な価値が同じでも、潜在的な価値が低い商品 B を買って使いにくいと感じたり、不快な思いをしたユーザーは次回は商品 B のメーカーの商品は買いたくないと思うでしょう。品質の悪い商品を作って一時的な利益を得ても、長く市場に商品を投入し続けたいと考えるメーカーにとって商品の潜在的価値である品質が低いということは致命的な欠陥となる可能性があります。

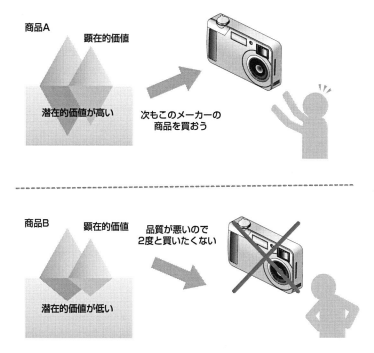

図4.12　潜在的価値の重要性

　逆に、潜在的な価値を高めることのできるメーカーすなわちリコールつながるような不具合をできるだけ少なくすることのできるメーカーは、市場で生き残る可能性が高いと言えます。商品の潜在的な価値を高く維持しつつ、商品の機能に対して割安感を与える、そんな戦略が日本の組み込みメーカーの強みになるのです。

　ところで、リコールを起こすような不具合はできるだけなくした方がよいのはあたりまえですが、不具合が発生してもその後の対応によってはかえって顧客満足度をアップさせることもできることを忘れてはいけません。

　インターネットショッピングで注文したものの自分が想像していたものとは違ったということはよくあります。そのようなときに商品の返品をユーザーが送り返すのではなく、宅配業者を通じて商品を無料で取りに行くというサービスを行っているショップがあります。このサービスを利用したユーザーは、気軽に商品をキャンセルしたり、返品したりできるので安心して買い物ができるという好印象を持ち、結果としてこのようなバーチャルストアーは売り上げを伸ばすことができます。メー

カーは一度失敗をしたらそれで終わりではなく、適切な対応を行うことで顧客満足度をアップすることも可能だということを忘れてはいけません。

　メーカーが目指すべきは、リコールにつながるようなユーザーに多大な迷惑をかける不具合や人の命に関わるような不具合を作り込まないよう最大限の努力をし、軽微な不具合に対してはユーザーの立場にたった誠実で迅速な対応を行うことです。

リコールを起こさない組込みソフトを作るために

　第４章では、組込みソフトウェアの品質を向上し、商品の潜在的価値を高めるための考え方とさまざまな施策、アプローチ方法を提案してきました。それでは、組込みソフトエンジニアは、どこまで、いつまでソフトウェアシステムの Validation や Verification の作業を続ければリコールを起こさないような製品に仕上げることができるようでしょうか。

　その答えとして『ソフトウェアバリデーションの一般原則』[1] という公開文書の一節を引用したいと思います。

　　開発者はソフトウェアの品質を高めるために製品に対するテストを永遠に続けることはできません。いつかは製品をリリースしなければなりません。というよりは十分にテストを行う間もなく製品を発売する期限が刻一刻と迫ってくるというのが現実でしょう。そう考えるとソフトウェアの Validation（妥当性の確認）はどこまで、また、いつまでやればよいのでしょうか。現実を考えると求められているユーザー要求に製品が適合しているという「自信」が十分なレベルに達するまでソフトウェア Validation は行う必要があると考えられます。仕様書の中で見つけられた間違いの修正数や、残された不具合の評価、テストカバレッジの結果等は製品を出荷してよいかどうかの確信のレベルを得るために使われます。また、自信のレベルと必要とされるソフトウェア Validation、Verification、テスト作業の程度は製品の安全上のリスク（ハザード）に起因すべきです。想定したリスク（ハザード）に対して漏れのないように Validation を行う必要があり、また、リスク（ハザード）がユーザーに与える影響が大きければ大きいほど Validation は慎重かつ確実に行われる必要があります。

1　『General Principles of Software Validation; Final Guidance for Industry and FDA Staff』より（FDA：Food and Drug Administration、アメリカ食品医薬品局）。

組込みソフトエンジニアを極めるとき

立花がミドルレンジ電子レジスターグループを支援して約半年が過ぎた2月。

立花■室井課長、今日は来期の組織編成についての内示を持って参りました。

室井■え！　いったい誰の内示なんだ。なんで立花君が持ってくるんだ？

立花■すみません。異例なんですが社長から直々に説明するように言われたもので。室井課長は4月
　　　から、社長直属の再利用資産推進室の室長です。私は、再利用資産推進室のソフトウェア系
　　　のリーダーで、ミドルレンジ電子レジスターグループのメンバーは全員再利用資産推進室に
　　　組み込まれることになりました。

室井■ということは、4月から京都に行くってことか。こりゃ大変だ。すぐ、女房に電話しなくちゃ。

立花■・・・

組田■立花先輩、それじゃ僕も佐藤君も立花先輩と一緒に再利用資産推進室で働くことになるんで
　　　すね。

立花■そうだ。この半年間の我々の成果が認められたんだよ。これまでは資産を作る立場だったけ
　　　ど、これからは再利用資産を使ってもらうことも考えないといけないし、再利用資産推進室は
　　　技術者教育も仕事の1つだから、ますます忙しくなるぞ。

組田■望むところです。でも、なんで室井課長がよりによって再利用資産推進室の室長なんですか。

立花■室井課長は20年近く電子レジスターの市場とユーザーに接してきたんだ。誰よりも、電子レ
　　　ジスターが使われる場面を知っている人だよ。再利用資産の有効性を利用する部門に説いて
　　　回るには市場と顧客をよく知っている人が必要なんだ。組田にもどんどんお客さんのところ
　　　に出て行ってもらうからな。

組田■立花先輩、なんだか組込みソフトがだんだんおもしろくなってきた感じがします。やりたいこ
　　　とがたくさんあって時間がいくらあっても足りないですね。

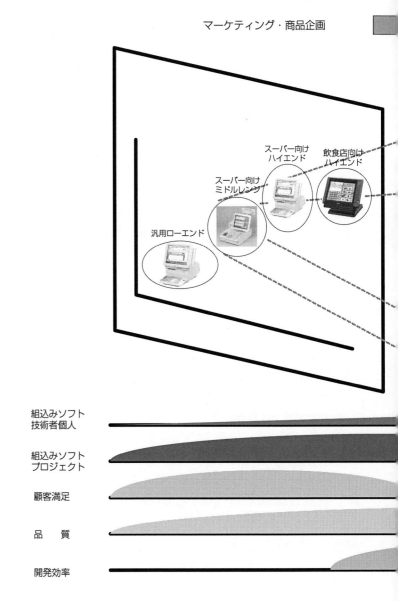

マーケティング・商品企画

スーパー向け
ハイエンド

飲食店向け
ハイエンド

スーパー向け
ミドルレンジ

汎用ローエンド

組込みソフト
技術者個人

組込みソフト
プロジェクト

顧客満足

品　　質

開発効率

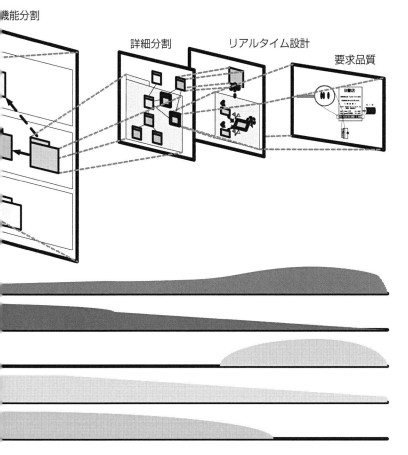

図エピローグ

　組込みソフト開発に携わるソフトウェアエンジニアは自分たちが他の分野の技術者たちが容易に習得することができない技術を身につけ、大きな可能性を秘めたポテンシャルを持っているということに気づいているでしょうか。

　組込みソフト開発を長年経験してきた技術者はある組込み製品のある特定のドメインに関する知識と技術を身につけ、その分野における組込みソフトのスペシャリストとなっているはずです。

　ただ、今後拡大し複雑化する組込みソフトウェア開発を乗り切っていくためには、組込みソフトのスペシャリストにも、たった1つ足らないものがあります。

　それは、自分たちのドメインにソフトウェア工学の技術を導入してテーラリング[1]することです。

　残念ながら、ソフトウェア工学の技術、特に新しい技術は、OJT（On the Job Training）では伝承しにくいものです。また、教科書に書いてあることをそのまま現場で実施しようとしてもうまくいかないこともあります。ソフトウェア工学の技術を、自分たちの開発の現場に合わせてテーラリングできるかどうかが組込みソフトエンジニアを極めるためのカギとなります。

　前ページの図エピローグをご覧下さい。組込み商品開発に必要なさまざまな技術を象徴するスナップショットと、これらの場面をつなぐ時間の流れ（フェーズ）を技術者個人、プロジェクトなどいろいろな要求の視点から眺め、重み付けを表現しています。

　注目していただきたいのは、すべての要求を満たすにはオールラウンドに技術を身につけなければならないということ、トップダウンのアプローチだけでも、ボトムアップのアプローチだけでもダメで、どちらの視点も持ち合わせなければいけないということです。

　組込みソフトエンジニアが成長しプロジェクトをリードしていくようになればマーケティングの技術が求められ、マーケティングの技術を身につけることで市場と顧客要求を十分に把握できるようになります。市場とユーザーニーズを分析することができれば、商品の顕在的価値と潜在的価値を高めるために何をすればよいのか、次にどんな技術を習得すればよいのかわかるようになります。

　そして、ユーザーニーズを理解し、必要な技術が身についてくると、組込みソフトがますますおもしろくなって、「やりたいことがたくさんあって時間がいくらあっても足りない」と感じるようになるはずです。

　そう感じるようになったら、あなたは、少しだけ、「組込みソフトエンジニアを極めた」と言えるかもしれません。ただし、ソフトウェアの技術は常に進化しており、新しいハードウェアデバイスは次々を開発されていきます。組込みソフトエンジニアが身につけるべき知識や技術に終わりはないのです。

　本当に「組込みソフトエンジニアを極めた」と感じるのは、組込みソフトエンジニアがキーボードを叩くことをやめて、これまで自分が世に送り出してきた組込み製品の数々を回想するときでしょう。

　組込みソフトエンジニアを極めるには、まだまだ時間はたっぷりあるということです。

　未来のある組込みソフトエンジニアたちの幸運を祈りつつ、ここでペンを置きたいと思います。

酒井由夫

1　テーラリング：テーラー（tailor）服を仕立てる意味から、状況に適合させることを表す。

学習用書籍

マイコン・リアルタイムOS

マイコン・リアルタイム OS を使いこなすには座学だけでは難しいものです。実際に動くターゲットマシンをさわりながら学習する必要があります。

[1] 各マイクロコンピュータのデータブック
ぼろぼろになるまでマイコンのデータブックを読み込む。これが基本です。

[2] 藤倉俊幸『リアルタイム／マルチタスクシステムの徹底研究—組み込みシステムの基本とタスクスケジューリング技術の基礎　TECHI』、CQ 出版社、2003 年
リアルタイムシステムについてとことん突きつめたい方にお勧めです。

[3] トロン協会（編集）、坂村健『μITRON4.0 標準ガイドブック』、パーソナルメディア、2001 年
μITRON のガイドブックは一冊持っていると辞書代わりになります。

[4] 渡波郁『CPU の創りかた』、毎日コミュニケーションズ、2003 年
CPU を IC の組み合わせで作る方法が書かれた本。データブックや回路の読み方、テスターの使い方まで解説してあります。電気回路の知識が全くないソフトウェアエンジニアに最適です。

オブジェクト指向設計・UML

オブジェクト指向設計を習得したいのなら、自分にとってわかりやすい本を 1 冊選び、まずは UML を書いて UML の経験者にレビューしてもらいましょう。それが一番の早道です。

[5] 渡辺博之、渡辺政彦、堀松和人、渡守武和記『組み込み UML〜eUML によるオブジェクト指向組み込みシステム開発』、翔泳社、2002 年
組込みソフトでオブジェクト指向設計を適用する詳細を解説した数少ない書籍の 1 つです。

[6] 平澤章『オブジェクト指向でなぜつくるのか——知っておきたいプログラミング、UML、設計の基礎知識』、日経 BP 社、2004 年
なぜ、オブジェクト指向に関心が集まるのか、オブジェクト指向でプログラムを作るとどんなメリットがあるのか初心者にもわかりやすく解説しています。

[7] 井上樹『ダイアグラム別 UML 徹底活用　DB Magazine SELECTION』、翔泳社、2005 年
UML の書き方はマスターしたけれども、UML 経験者が近くにおらずもう一歩先に進めず停滞している人にお勧めの 1 冊。

[8] 河野岳史・益田志保『初めての Enterprise Architect』、星雲社、2005 年
UML の初心者から UML を使いこなすベテランまで広範囲に使える安価で高機能な UML ツールのマニュアル本。UML はまず書き始めるにことが大事です。

C++

C から C++に移行するときの壁は非常に高く感じられます。いきなり C++でソースコードを書き始めるには無理があります。初心者向けの本をマスターしてからコードを書き始めましょう。

[9] 山下浩、黒羽裕章、黒岩健太郎『C++プログラミングスタイル』、オーム社、1992 年
基礎をしっかり身につけ、後で調べものをしたいときに役立つ本です。C++の入門書として優れています。

[10] スティーブン・R・デイビス『改訂 C++のからくり』(瀬谷啓介訳)、ソフトバンククリエイティブ、1999 年
C から C++に移行するとき、「なぜ、できないの」と悩むときの答えがこの本に書いてあります。演習問

題を解きながら理解できるのでC⏋初心者の教育にも使えます。

プロジェクトマネージメント

[11] フレデリック・P・Jr.ブルックス『人月の神話—狼人間を撃つ銀の弾はない　新装版』(滝沢徹、富沢昇、牧野訳)、ピアソン桐原、2002 年
やみくもにプロジェクトに人を投入するとどうなるのかがわかります。ソフトウェアプロジェクトの失敗学の原点とも言える 1 冊です。

[12] 前田卓雄、重岡毅『製造業のためのソフトウェア戦略マネジメント入門—組み込みソフトの開発・人材・組織』、生産性出版、2003 年
ソフトウェア開発におけるプロジェクトマネージメントの入門書で、ソフトウェア事業のマネジメントという視点で書かれた本。

ヒューマンスキル

[13] トム・デマルコ、ティモシー・リスター『ピープルウエア　第 2 版——ヤル気こそプロジェクト成功の鍵』(松原友夫、山浦恒央訳)、日経 BP 社、2001 年
プロジェクトマネージメントをテクニックではなくヒューマンとして何が必要かを説いています。ソフトウェアエンジニアのやる気を科学していると言えるかもしれません。

[14] G・M・ワインバーグ『スーパーエンジニアへの道——技術リーダーシップの人間学』(木村泉翻訳)、共立出版、1991 年
技術リーダーとしてどのように振る舞えばよいのか、また、リーダーどう育てるのかがわかります。

テスト

ソフトウェアテストに関する解説書は皆無に等しかったのですが 2002 年頃から次々と良書が出版されています。

[15] ボーリス・バイザー『実践的プログラムテスト入門——ソフトウェアのブラックボックステスト』(小野間彰、石原成夫、山浦恒央訳)、日経 BP 社、1997 年
テストについて学習したいのならこの 1 冊から。新人からベテランまで使えます。

[16] 大西建児『ステップアップのためのソフトウエアテスト実践ガイド　日経システム構築』、日経 BP 社、2004 年
実際のテスト工程の進め方や注意点が筆者の経験をもとに詳しく書かれています。テスト計画をどのように進めればよいかがわかります。

[17] ローレンス・H・パトナム、ウエア・マイヤーズ『初めて学ぶソフトウエアメトリクス~プロジェクト見積もりのためのデータの導き方』(山浦恒央訳)、日経 BP 社、2005 年
ブラックボックスになりやすいソフトウェアをいかに計測し、品質管理に活かすかを解説した本です。プロジェクトマネジメントやソフトウェアテスト管理に役立つ 1 冊です。

ソフトウェア品質

[18] 保田勝通『ソフトウェア品質保証の考え方と実際』、日科技連出版社、1995 年
ソフトウェア品質保証の基礎から応用まで隅々を網羅しています。1995 年の初版から 10 年経過しても古さを感じさせない充実した内容です。

マーケティング

[19] グローバルタスクフォース『通勤大学 MBA1 マネジメント　通勤大学文庫』、総合法令出版、2002 年
MBA (Master of Business Administration、経営学修士号) の概略がわかる最もコンパクトな 1 冊。マーケティングの基礎を短時間に学ぶことができます。

体系的再利用・プロダクトライン

[20] Paul Clements、Linda Northrop『ソフトウェアプロダクトライン』（前田卓雄訳），日刊工業新聞社、
2003 年 9 月
原書は CMMI（Capability Maturity Model：能力成熟度モデル）を主導するカーネギーメロン大学ソフ
トウェア工学研究所（SEI: Software Engineering Institute）が 10 年近く検討を進めている Product
Line Systems Program の中核となる出版物。プロダクトラインについて学ぶなら手元に置くべき 1 冊
でしょう。

[21] ウィル・トレイツ『ソフトウェア再利用の神話——ソフトウェア再利用の制度化に向けて』（畑崎隆雄、
鈴木博之、林雅弘訳）、ピアソン桐原、2001 年
ソフトウェアの再利用がいかに難しいかがわかる本。ソフトウェアの再利用にどんな壁が立ちふさがる
のか筆者の経験が豊富に織り込まれています。

日本の組込みソフトウェアの強み

[22] 藤本隆宏『日本のもの造り哲学』、日本経済新聞社，2004 年
製造産業としての日本の強みと特徴を具体的な生産現場の視点から分析しています。すり合わせと組み
合わせの違いについて納得させられる 1 冊。

酒井由夫の著書

[23] 酒井由夫『リコールを起こさないソフトウェアのつくり方』、技術評論社，2010 年
本書第 4 章「品質の壁を越える」の内容をより具体的、かつ詳細に解説している。ソフトウェアの信頼
性を高めたい技術者個人、品質問題に直面しているプロジェクトにぜひ読んでもらいたい一冊。

索　引

謝　辞

　第一に第1章で紹介したリアルタイムシステムのアーキテクチャを考え実践している組込みアーキテクトの江藤善一氏と、オブジェクト指向設計とプロダクトライン戦略について私にレクチャーしてくれた今関剛氏に感謝します。

　第二に2003年より参加した2つのコミュニティ——組込みソフトウェア管理者・技術者育成研究会（SESSAME）とEEBOF（Embedded Engineer's Birds Of a Feather）——で出会ったソフトウェアエンジニアの方々に感謝します。多種多様な業種の第一線で活躍している彼らとの出会いがなければ、この本を書くことなど到底できなかったでしょう。

　最後に仕事が終わった後のウィークデーの夜、おいしい飲み物と音楽と原稿を書く場所を提供してくれたスターバックスコーヒーと、ウィークエンドにパソコンの前で黙々と原稿を書き続ける自分を文句も言わずに見守ってくれた妻と娘たちに感謝します。

酒井由夫（sakai@sessame.jp）

●著者紹介

酒井由夫（さかい よしお）

　1987年よりクリティカルデバイスのソフトウェア開発に24年間従事する。おもに16bitのワンチップマイコンを使った信号処理、リアルタイム組込みシステムの開発を行い、商品の仕様立案からソフトウェア開発のプロセス管理、プロジェクトマネージメント、安全性・信頼性の検証、保守、ソフトウェア技術者教育など組込みシステム開発に関する幅広い領域を経験する。オブジェクト指向設計やプロダクトライン戦略を商品開発に生かすことも試みている。商品開発を常にアーキテクトの視点から分析し、「具体から抽象へ」というアプローチにこだわる。

　2003年より、SESSAME（組込みソフトウェア管理者・技術者育成研究会）に参加している。

　2006年よりソフトウェア品質技術の指導・支援、ソフトウェア技術者の育成に携わる。

著書：『リコールを起こさないソフトウェアのつくり方』技術評論社、2010年

リアルタイムOSから出発して
組込みソフトエンジニアを極める [オンデマンド版]

2011年9月25日	初版第1刷発行
2016年5月10日	改装版第1刷発行
2023年10月3日	オンデマンド版発行

著　者　酒井由夫（さかい よしお）
発行者　富澤　昇
発行所　株式会社エスアイビー・アクセス（http://www.sibaccess.co.jp）
　　　　〒183-0015 東京都府中市清水が丘3-7-15
　　　　TEL: 042-334-6780/FAX: 042-352-7191/e-メール: sib-tom@hh.iij4u.or.jp
発売元　株式会社星雲社（共同出版社・流通責任出版社）
　　　　〒112-0005 東京都文京区水道1-3-30
　　　　TEL: 03-3868-3275/FAX: 03-3868-6588
印刷製本　デジタル・オンデマンド出版センター

printed in Japan　　　　　　　　　　　　　　　　　　　　　ISBN 978-4-434-32897-8

Small is beautiful and Simple is Better